AI助力开发

Trae+CodeWhisperer+DeepSeek+Tabnine+Mintlify+Kimi

孙志华◎编著

化学工业出版社
·北京·

内容简介

在AI技术高速发展的当下，程序员如何提升开发效率、保证代码质量、减轻重复劳动，成为行业关注的焦点。本书正是为了解决这一现实痛点而打造的实用型图书。全书聚焦6款当前最具代表性的AI开发工具，深入解析它们在实际开发工作中的应用方式，从自动编码、漏洞检测、调试优化、文档生成到架构决策，提供了13个高还原度的实战案例，每一个都源自真实的开发需求，涵盖Web、移动、分布式系统、安全架构、文档管理等多元场景，帮助读者在最短的时间内实现开发效率的指数级提升。

本书不仅具备系统性、操作性，还特别强调工具之间的协同搭配。Trae支持以自然语言生成多语言全栈模块，CodeWhisperer可以即时扫描代码漏洞，DeepSeek可以智能分析日志并自动定位Bug，Tabnine则为团队提供了风格统一的代码补全训练体系，Mintlify可以轻松完成从代码到文档的转换，Kimi则通过大模型辅助人们完成需求提取与技术选型。这种组合式的AI工具矩阵，配合本书提供的配置清单、代码模板和自动化策略，真正让开发人员高效完成从写代码、调试、重构、写文档到做决策全流程，显著提升开发效率。通过数据化学习路径、模块化案例实训和工具对比评估模型，让读者不仅“知道怎么用”，更能“灵活组合使用”，从而真正掌握用AI搞定开发工作的核心能力。

本书适合想通过AI开发工具提升编程效率、优化代码质量的学习者；也适合开发团队引入AI工具矩阵，规范开发流程；还可作为计算机、软件工程、人工智能等专业的教材使用。

图书在版编目(CIP)数据

AI助力开发 : Trae+CodeWhisperer+DeepSeek+Tabnine+Mintlify+Kimi / 孙志华编著. -- 北京 : 化学工业出版社, 2025. 11. -- ISBN 978-7-122-49125-1

Ⅰ. TP18

中国国家版本馆CIP数据核字第2025E0J022号

责任编辑：杨　倩　　　封面设计：王晓宇
责任校对：田睿涵　　　装帧设计：盟诺文化

出版发行：化学工业出版社（北京市东城区青年湖南街13号　邮政编码100011）
印　　装：北京云浩印刷有限责任公司
710mm × 1000mm　1/16　印张$13^{1}/_{4}$　字数266千字　2026年1月北京第1版第1次印刷

购书咨询：010-64518888　　　售后服务：010-64518899
网　　址：http://www.cip.com.cn
凡购买本书，如有缺损质量问题，本社销售中心负责调换。

定　　价：79.00元

前 言
PREFACE

当 AI 成为我们最默契的开发搭档

在写这本书的时候，我脑子里一直浮现出几年前一次熬夜开发的经历。那是一个赶着将项目上线的深夜，我在调试一个极为隐蔽的异常接口，查遍了日志，翻遍了注释，却迟迟无法定位问题根源。那一刻，我多么希望能有一个“懂我”的伙伴，帮我理清逻辑，指出漏洞，甚至帮我把文档补全。谁能想到，几年后的今天，这样的伙伴——AI工具，真的已经来到了我们身边。

我写这本书的初衷其实很简单，我们不能再浪费时间在重复、机械、低效的开发流程中。尤其是在当前软件工程日益复杂、交付周期被极度压缩的现实中，如果我们还坚持传统的开发模式，只靠人力堆叠，就如同在信息高速路上用脚跑一样，越跑越疲惫，越跑越无力。而AI悄然提供了另一种可能——开发人员可以把精力放在创造力、系统思维和架构决策上，而将那些机械的、重复的工作交给“得力的AI助手”。

我们正处在AI开发工具的黄金时代

回顾过去几年，从GitHub Copilot掀起第一波AI写代码的浪潮，到CodeWhisperer、Tabnine、DeepSeek等工具的逐步成熟，AI正在以惊人的速度嵌入开发全流程。现在我们不仅能用自然语言生成多语言代码，还能用AI查Bug、自动生成文档、智能分析日志，甚至辅助进行架构选型和技术决策。AI不再只是一个“写几行代码”的玩具，而是一个“真正进入生产力系统”的实用工具链。

然而，我在与很多一线开发人员沟通时却发现，大家普遍存在以下困惑：“这些AI工具那么多，我该选哪个？”“看起来很炫酷，但真的能提高效率吗？”“我担心AI写出来的代码不安全、不规范，怎么避免？”“我们团队如何统一AI辅助开发的规范？”“怎么把AI真正融入工作流程，而不是用一次就放下？”这些疑问，恰恰是本书要解决的问题。

本书不是“炫技秀”，而是一本“实用工具手册”

关于AI开发工具的文章有很多，但要么泛泛而谈，要么只介绍工具本身，而忽略了最重要的两个问题——真实场景的落地能力和团队协作的可延展性。因此，我决定写一本真正围绕“开发任务”组织内容的AI实用书。

本书围绕6款在当前实际开发中最具代表性的AI工具展开：Trae、CodeWhisperer、DeepSeek、Tabnine、Mintlify和Kimi。

- Trae是以自然语言生成代码的“全能写手”，帮助开发人员用一句话生成一个全栈模块。
- CodeWhisperer是排查隐患和审查代码的利器，能在开发人员写代码的同时扫描安全漏洞。
- DeepSeek是我亲测过的最强的Bug诊断AI，尤其擅长日志分析、崩溃定位、性能瓶颈识别。
- Tabnine注重代码补全体验，还支持团队风格统一和私有库训练。
- Mintlify彻底颠覆了技术文档的写法，从API文档到技术白皮书，全流程自动生成。
- Kimi是架构师的左膀右臂，它在长文档解析、需求总结、方案推演中的表现令人惊艳。

为了让内容不过于抽象，每一个核心工具我都配备了多个高还原度的实战案例，涵盖Web开发、跨平台应用、安全系统、分布式调试、历史项目重构、技术文档生成、金融系统架构选型等多个真实业务场景。这些案例并非“演示型”，而是我在实际项目或社区中提炼的真实问题解决流程，确保读者能按步骤复现，可改造、应用，甚至进一步拓展团队方案。

我也曾是那个在凌晨两点Debug崩溃程序的普通开发人员，也经历过面对混乱的旧项目不知从何下手的挣扎。现在，我希望通过这本书，把我在AI辅助开发领域的实践经验、踩过的坑、找到的解法，毫无保留地分享给你，你不需要再走这些弯路。

最后，我想强调一点：AI并不会取代开发人员，相反，不善用AI的开发人员会被善用AI的开发人员超越。这本书不是为了“炒AI概念”，而是希望大家真正掌握如何借助AI从“开发劳动力”转变为“策划者、设计者、领导者”。当你站在AI的肩膀上时，你会发现，曾经让你头痛的任务，现在都能轻松搞定。而你也终于可以把精力放到真正需要创造力和判断力的地方。如果你愿意，就从这本书开始，让AI成为你最值得信赖的开发搭档吧。

孙志华

2025年9月

在一个程序员也能闻到咖啡香的黄昏

目 录

CONTENTS

第 1 章

用 AI 写代码，开发速度加倍的秘诀

1.1 AI 辅助编程：写代码、找 Bug、写文档全能手

还记得那些日夜奋战在电脑前，为一个程序错误（Bug）头疼不已的日子吗？还记得为了完成一个简单的功能却要查阅大量文档的烦恼吗？现在，这一切都可以轻松完成了，人工智能正在悄悄改变编程世界的游戏规则，让编程变得更加轻松愉快，就像有了一位随时待命的编程小帮手。

传统的编程开发流程通常包括需求分析、代码编写、调试、测试和文档撰写等环节。过去，每个环节都需要开发人员投入大量时间和精力，尤其是在代码编写和调试阶段，往往耗费绝大部分开发时间。开发人员需要记忆复杂的语法规则、应用程序编程接口（Application Programming Interface，API）和各种最佳实践，同时还要处理各种难以察觉的Bug和边界情况。这不仅要求开发人员具备扎实的编程基础，还需要丰富的实战经验。

而今天，人工智能（Artificial Intelligence，AI）辅助编程工具如GitHub Copilot、ChatGPT和Claude等正在重塑这一传统模式。它们不仅能根据开发人员的只言片语生成完整的代码片段，还能看懂现有代码并提供改进建议，找出代码中隐藏的错误，甚至还能自动生成清晰的文档。简而言之，AI工具正在成为开发人员的得力助手，极大地提升了编程效率，同时也降低了编程的难度和门槛。

代码生成是AI辅助编程最直观也是最实用的功能。开发人员只需用自然语言描述想要实现的功能，AI就能生成相应的代码。想要一个解析CSV文件的函数，只需对AI说：“帮我写个Python函数，读取CSV文件并提取特定列的数据”。几秒钟后，一个完整可用的函数就呈现在面前，省去了查找文档、试错修改的烦琐过程（见图1-1）。

这种方式极大地简化了编程过程，就像拥有了分身术，可以同时处理多个任务。对初学者来说，AI像一位无微不至的编程导师，随时提供实用示例和解答服务。开发人员不再需要死记硬背那些枯燥的语法规则和API的用法，可以把精力放在解决实际问题和创意思考上了。当然，AI生成的代码并非包治百病的灵丹妙药。它偶尔也会“犯迷糊”，生成一些有Bug或不够优雅的代码。即使如此，它提供的代码框架也能让开发工作事半功倍。就像有了草图，即使需要修改，也比从零开始要容易得多。

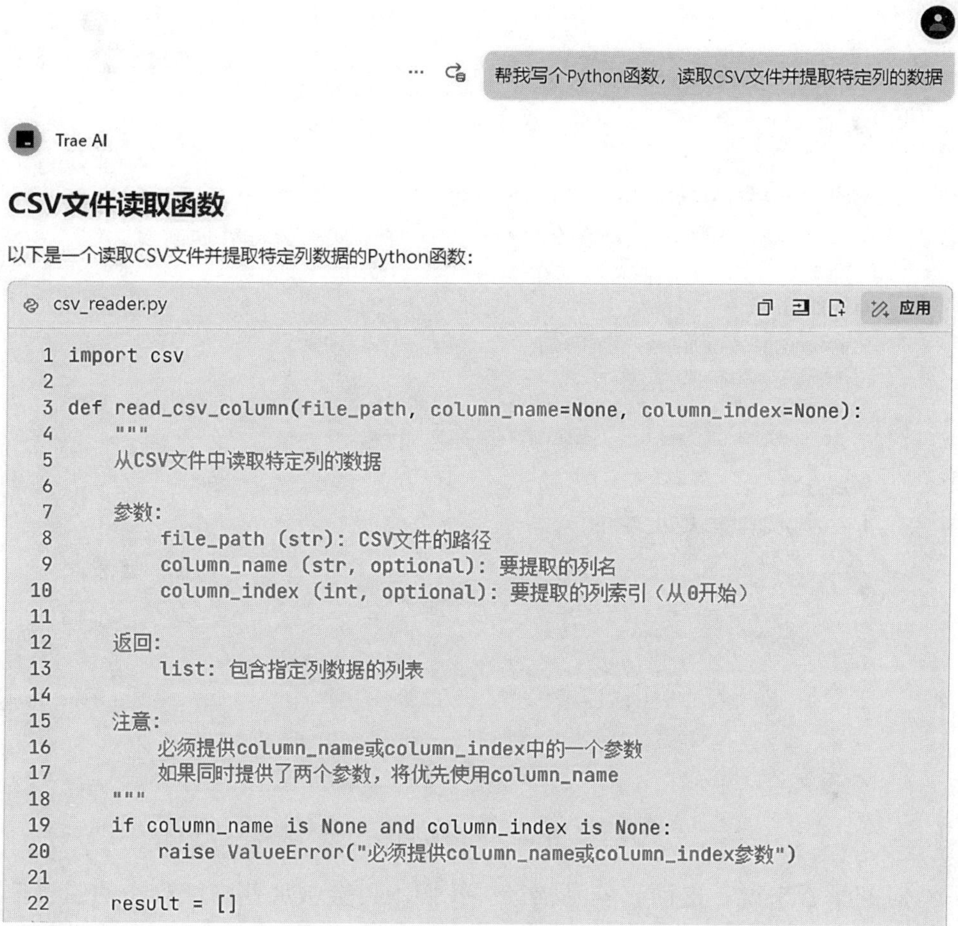

图 1-1　AI 生成代码

程序员与Bug之间的斗争可以说是永无休止的。传统调试就像大海捞针，需要顺着错误信息一点点排查，有时甚至要花几小时甚至几天的时间，简直让人抓狂！而有了AI调试助手，这个过程就像开发人员多了一位经验丰富的侦探搭档。当代码出现错误时，只需把错误信息和相关代码提供给AI，它就能迅速分析出可能的原因并给出修复建议。例如，当Python代码抛出“IndexError: list index out of range”错误时，AI不仅会告诉你这是在尝试访问列表中不存在的位置，还能根据上下文代码分析可能导致这一问题的原因，并给出具体的修复方案（见图1-2）。

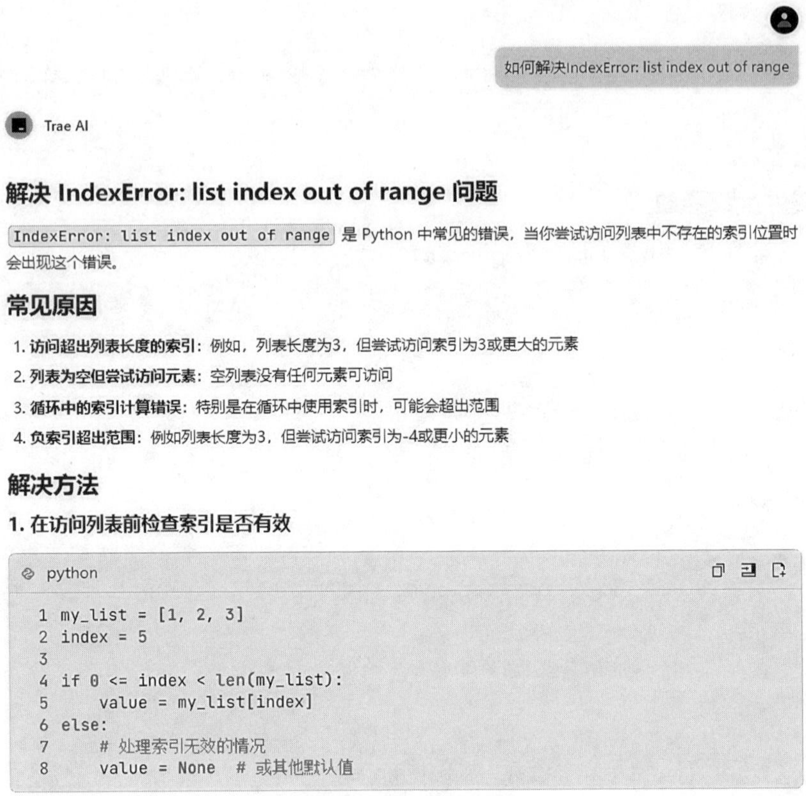

图 1-2　AI 辅助调试

对初学者来说，这简直就是福音。我们不再会被那些晦涩难懂的错误信息搞得一头雾水，AI会用通俗易懂的话解释出现错误的原因，就像编程世界的翻译官。它甚至还会顺便普及相关知识点，潜移默化地提升开发人员的编程技能。即使是那些复杂得令人头疼的Bug，AI也有办法帮忙解决，AI能够从宏观角度分析代码逻辑，指出潜在的问题点——“循环条件可能会导致永远无法跳出循环”“这个变量在多线程环境里可能会有竞态条件”，这些洞察往往能让开发人员豁然开朗，省去了大量的试错时间。

AI文档生成工具就像突然出现的家政服务员，轻松解决了这些零乱的烦恼。让AI看一眼你的代码，它就能帮我们整理成漂亮的API文档、函数说明和使用示例。例如，给定一个Python函数，AI能自动生成包含参数说明、返回值类型、异常处理和示例代码的完整文档字符串（Documentation String），既符合规范又信息丰富。

不仅如此，AI 还能帮助开发人员生成更高层次的文档，如项目概述、架构说明和用户指南。开发人员只需提供基本的项目信息和框架，AI 就能搭建出文档的骨架，开发人员只需填充一些特定的业务逻辑和注意事项就可以了（见图 1-3）。这就像写作文时已经有了详细的提纲，只需填充内容就好，很大程度上减轻了开发人员的心理负担。这种自动化的文档生成不仅节省了时间和精力，还提高了文档的质量和前后段落的一致性。文档能够与代码同步更新，避免了“代码已经迭代了很多个版本，文档还停留在初版”的尴尬情况。对团队协作来说，这简直是救命稻草。

图 1-3　AI 自动生成文档

全栈开发曾经是技术大牛的标志，需要同时精通前端超文本标记语言（Hypertext Markup Language，HTML）、层叠样式表（Cascading Style Sheets，CSS）、JavaScript（JS）和后端（Python、Java、数据库等）技术，就像要求一个人既能写得了诗，又能打得了仗，还能梳得了妆，简直是“十八般武艺样样精通”的“武林高手”。现在有了AI这个“神队友”，普通开发人员也能轻松实现全栈开发的梦想。假设你是一名后端工程师，前端知识比较薄弱，但项目需要一个漂亮的用户界面。不用慌，只需向AI描述：“我需要一个简洁美观的用户注册页面，包含用户名、密码、确认密码和提交按钮”。几秒钟后，一份包含HTML、CSS和JavaScript的完整前端代码就新鲜出炉了（见图1-4）。

我需要一个简洁美观的用户注册页面，包含用户名、密码、确认密码和提交按钮

Trae AI

简洁美观的用户注册页面

我将为您创建一个简洁美观的用户注册页面，包含用户名、密码、确认密码和提交按钮。

以下是HTML和CSS代码：

<> register.html　　应用

```
<!DOCTYPE html>
<html lang="zh-CN">
<head>
    <meta charset="UTF-8">
    <meta name="viewport" content="width=device-width, initial-scale=1.
    0">
    <title>用户注册</title>
    <style>
        * {
            box-sizing: border-box;
            margin: 0;
            padding: 0;
            font-family: 'Segoe UI', Tahoma, Geneva, Verdana, sans-serif;
        }

        body {
            background-color: □#f5f7fa;
            display: flex;
            justify-content: center;
            align-items: center;
            min-height: 100vh;
        }
```

图 1-4　AI 全栈辅助开发（1）

同样，如果是前端开发人员，在面对复杂的后端逻辑时也不必发愁。AI能够根据前端开发人员的需求生成基本的API代码和数据库操作指南，让前端开发人员也能轻松驾驭后端开发（见图1-5）。这种跨界助力不仅扩展了开发人员的能力边界，还为学习新技术提供了捷径。通过分析AI生成的代码，开发人员可以迅速了解不熟悉领域的编程范式和最佳实践，就像有一位经验丰富的导师在旁指导。学习新技术再也不是“望山跑死马”的痛苦历程，而是“站在巨人的肩膀上”的愉快体验。

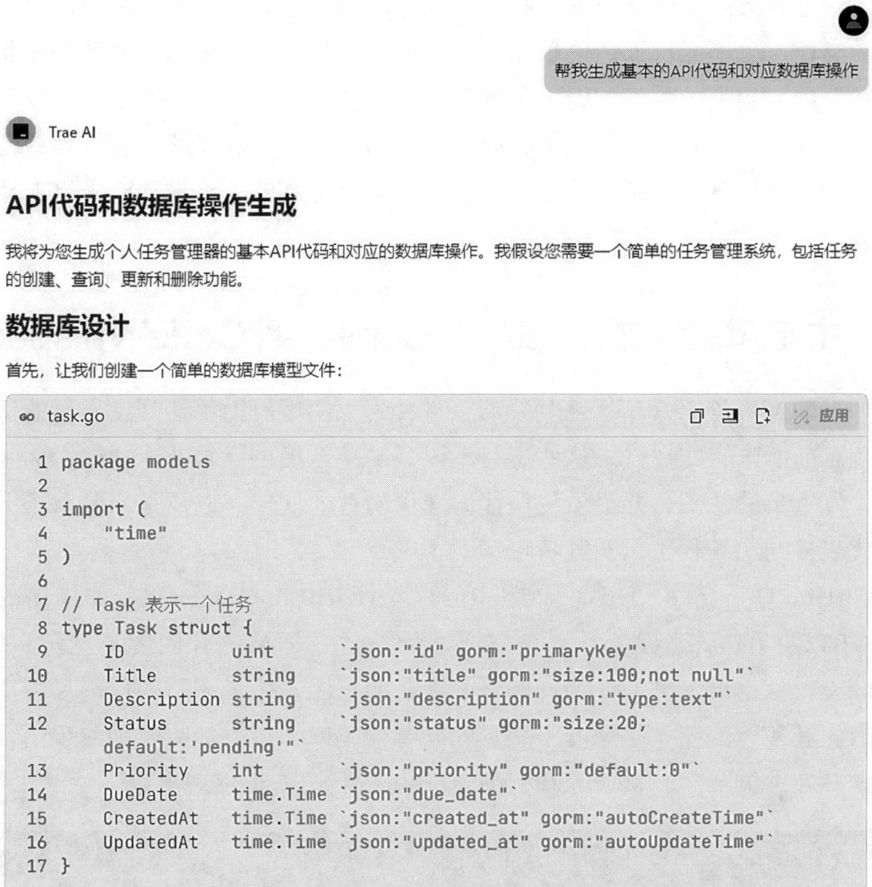

图 1-5　AI 全栈辅助开发（2）

AI辅助编程工具不仅是提高生产力的工具，还是学习编程的有效辅助手段。对初学者而言，传统的编程学习路径往往是从语法规则开始，然后逐步过渡到实际问题的解决。这种方式虽然系统，但学习曲线较为陡峭，很多初学者在掌握了基础语法后仍然不知道如何应用这些知识来解决实际问题。

有了AI的帮助，学习编程变得非常有趣。大家可以采取“问题驱动”的学习方式，先找一个感兴趣的项目，如制作一个简单的网页游戏或数据分析工具，然后向AI描述需求，获取基础代码框架。在理解和修改这些代码的过程中，自然而然地掌握相关的编程概念和技巧。这就像先学会说几句常用的外语对话，再逐步了解背后的语法规则，学习过程会更加自然和有成就感。

AI辅助编程正在掀起软件开发的新浪潮，彻底改变了传统的编程方式和学习路径。它不仅提高了开发效率，降低了编程门槛，还为创新和学习提供了更多可能性。当然，也不能盲目地依赖AI，最好的做法是将其视为强大的助手而非替代品，在借助AI提高效率的同时，不断学习和思考，保持自己的技术敏锐度。未来的编程世界将是人类智慧与人工智能的完美结合，告别烦琐的重复劳动，告别难以理解的错误信息，告别枯燥的文档撰写，迎接更高效、更具创意、更有趣的编程体验。

1.2 主流AI编程工具一览：从Copilot到CodeWhisperer

如今的AI编程工具市场蓬勃发展，各种强大的编码助手让开发人员的工作效率得到了前所未有的提升。这些工具不再是简单地提供代码补全功能，而是真正理解开发人员的意图，并提供优质代码建议的智能伙伴。以下是当前市场上几款最具代表性的AI编程工具及其特色。

GitHub Copilot（以下简称Copilot）是由GitHub与OpenAI合作推出的一款基于GPT模型的AI编程工具，被广泛认为是这一领域的开创者（见图1-6）。Copilot能够根据上下文和注释理解开发人员的意图，生成完整的代码片段甚至整个函数。其最大的特点是学习了海量的开源代码库，可以适应多种编程语言和框架，尤其在Python、JavaScript和TypeScript等流行语言上表现出色。

图 1-6　GitHub Copilot

亚马逊的CodeWhisperer则是另一款强大的AI编程工具（见图1-7），专为亚马逊网络服务（Amazon Web Services，AWS）生态系统优化。CodeWhisperer对AWS服务和API有深入了解，可以针对云服务开发提供精准的代码建议。此外，它还内置了安全扫描功能，能够在代码生成过程中识别潜在的安全漏洞，并提供更安全的替代方案。

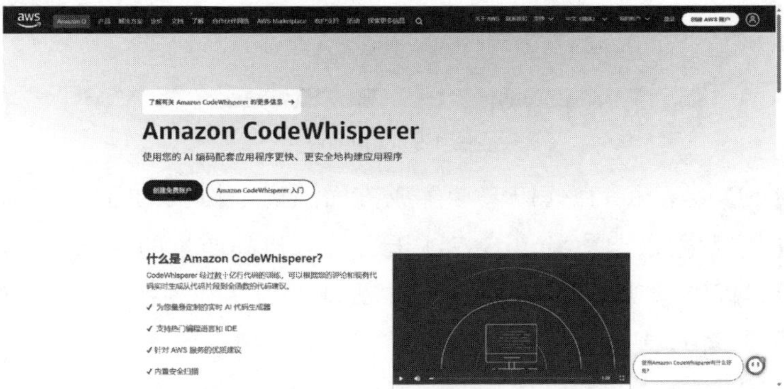

图 1-7　CodeWhisperer

DeepSeek Coder 是一个开源的 AI 编程工具，由 DeepSeek 团队开发（见图 1-8）。它专注于深度学习技术的应用，在处理复杂的算法和数据分析任务时表现出色。DeepSeek 的一大特色是可以理解和生成与深度学习框架相关的代码，如 PyTorch 和 TensorFlow，这对数据科学家和 AI 研究人员尤为有用。

图 1-8　DeepSeek

Tabnine则采用了不同的方法，它使用本地模型而非依赖云服务，保证了更高的隐私性和更低的延迟（见图1-9）。Tabnine的适应性强，能够学习开发人员的编码风格和项目特点，随着使用时间的延长，其算法机制会越来越符合个人偏好。它支持多种编程语言和集成开发环境（Integrated Development Environment，IDE），是一款功能全面的编码助手。

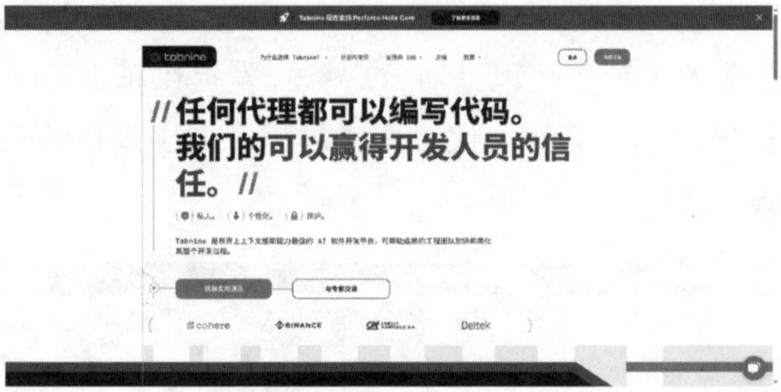

图 1-9　Tabnine

Mintlify Doc Writer在代码文档生成方面独树一帜（见图1-10）。其他AI工具主要关注代码生成，而Mintlify专注于自动创建高质量的代码文档。它能够分析现有代码，理解其功能和结构，然后生成清晰的文档注释，大大减轻了开发人员编写文档的负担。

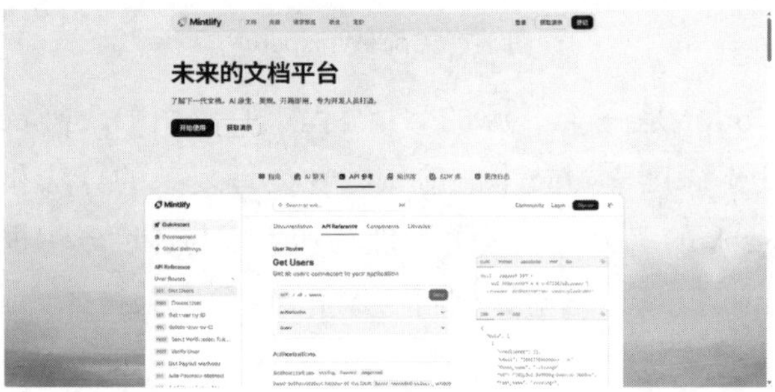

图 1-10　Mintlify Doc Writer

Kimi则是一款更加注重自然语言交互的编程助手（见图1-11）。开发人员可以用日常语言描述需求，Kimi会将其转化为可执行的代码。这种方式特别适合编程初学者，降低了编程的门槛，同时也为有经验的开发人员提供了一种更直观的代码生成方式。

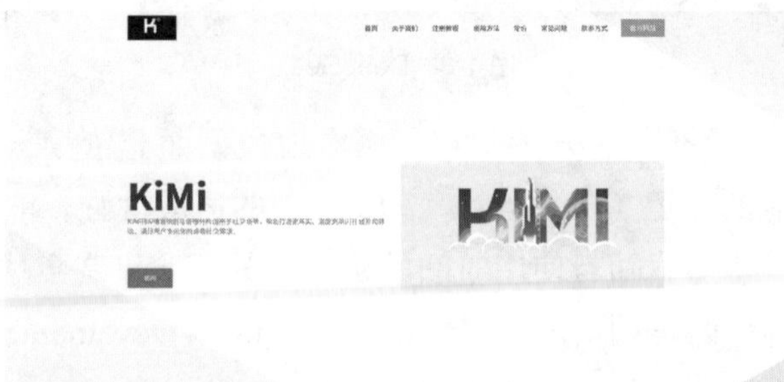

图 1-11　Kimi

这些AI编程工具各有特色，适用于不同的场景和需求。选择合适的工具取决于项目类型、个人偏好和工作环境。随着技术的发展，这些工具还在不断进化，功能更加强大，使用体验更加流畅。接下来我们将深入探讨如何有效利用这些工具，将开发效率提升到新高度。

1.3　选对 AI 工具：编程语言、开发场景、协作方式的匹配策略

选择合适的AI编程工具是提升开发效率的第一步。每款AI编程工具都有其独特的优势和设计初衷，针对不同的编程语言、开发场景和协作方式进行智能匹配，能够让开发过程事半功倍。接下来将从这3个关键维度出发，帮助读者找到最适合自身需求的AI编程工具。

在编程语言维度上，不同的AI工具对各类编程语言的支持程度存在显著差异（见图1-12）。Copilot在Python、JavaScript和TypeScript语言的编辑方面表现尤为出色，这得益于其训练数据中这些语言的代码占比较高。对于Java和C/C++等企业级应用常用语言，Whisperer提供了更加规范和结构化的代码建议。DeepSeek则在数据科学和机器学习相关的Python代码生成方面具有独特优势，能够智能地理解和实现复杂的算法。Tabnine作为本地运行的AI助手，对各种主流语言都提供了良好的支持，且能够通过持续学习适应项目的特定语言风格。

从开发场景的角度考量，不同类型的项目对AI助手的需求也各不相同。对于云服务开发，尤其是与AWS相关的应用，Whisperer是最佳选择。它对AWS 软件开发工具包（Software Development Kit，SDK）和服务有深度优化，生成的代码遵循云服务最佳实践。前端开发人员可能会发现Copilot在处理React、Vue等框架组件时相当高效，能够快速从设计描述中生成符合组件结构的代码。后端开发，特别是涉及数据库操作和API设计时，Tabnine和CodeWhisperer都能提供高质量的辅助。

在特定领域，如机器学习工作流、数据处理管道或嵌入式系统开发中，选择专精于该领域的AI工具会带来明显的收益。DeepSeek在机器学习模型构建和数据预处理方面表现突出。对于需要大量文档的复杂系统，Mintlify可以极大地减轻编写和维护文档的负担，生成清晰、专业的API说明和使用指南。

针对不同的团队协作方式，AI工具的选择也需要有所侧重。大型团队或企业

级开发环境通常更看重安全性和合规性，在这种情况下，CodeWhisperer的安全扫描功能和许可证检查显得尤为重要。它能够识别潜在的安全漏洞并提供代码审计功能，确保生成的代码符合企业标准。对于强调敏捷开发和快速迭代的团队，Copilot的实时建议和广泛的语言支持能够加速原型设计和功能实现。

分布式团队或在远程工作环境中，选择具有云同步能力的AI工具，如Kimi可以帮助保持代码风格的一致性，减少团队成员之间的沟通成本。而对于注重代码隐私或在网络受限环境中工作的团队来说，Tabnine的本地部署模式无疑是更安全的选择。

图 1-12　AI 编程工具比较

初创公司和个人开发者可能需要考虑成本因素，可以优先选择提供免费版本的工具或开源替代品，如DeepSeek，在资源有限的情况下仍能得到AI工具的强大助益。随着项目规模的扩大和需求的变化，可以逐步引入更专业的工具。

最佳的策略是根据项目的具体阶段和任务特点灵活使用不同的AI工具。例如，在项目初期可以使用Copilot快速构建原型；项目稳定后使用CodeWhisperer检查安全隐患；最后用Mintlify生成完整的文档。这种组合使用的方法能够扬长避短，最大化地发挥AI工具的价值。

掌握了这些匹配策略后，开发人员就能够针对自己的技术栈、项目类型和工作方式，选择最合适的AI编程工具。随着对各工具特性的深入了解和实践经验的积累，开发人员可以建立起个性化的工具使用模式，真正实现开发效率的跨越式提升。

1.4　实战案例：配好开发环境，快速上手 AI 开发工具配置清单

在当今快节奏的软件开发世界中，AI编程工具已成为提升开发效率的重要伙伴。正确配置这些AI工具不仅能加快编码速度，还能提高代码质量、减少调试时间，甚至为开发人员提供学习新技术的机会。每个工具都有其独特优势，合理搭配使用这些工具，将极大地提升开发体验和工作效率。下面开始逐一配置这些强大的AI编程工具。

步骤1：安装Trae。

首先，打开网页浏览器，然后在地址栏中输入Trae官网地址，或者通过搜索引擎搜索Trae官网并访问。进入官网（见图1-13）后，会看到一个醒目的按钮，上面写着“立即获取Trae IDE”。单击这个按钮，系统将会自动检测电脑配置，并开始下载与操作系统兼容的Trae版本。下载完成后，只需按照屏幕上的提示进行操作，即可顺利完成安装。在安装过程中，如果遇到任何问题，官网通常会提供详细的帮助文档或客服支持，以确保用户能够顺利安装并开始使用Trae。

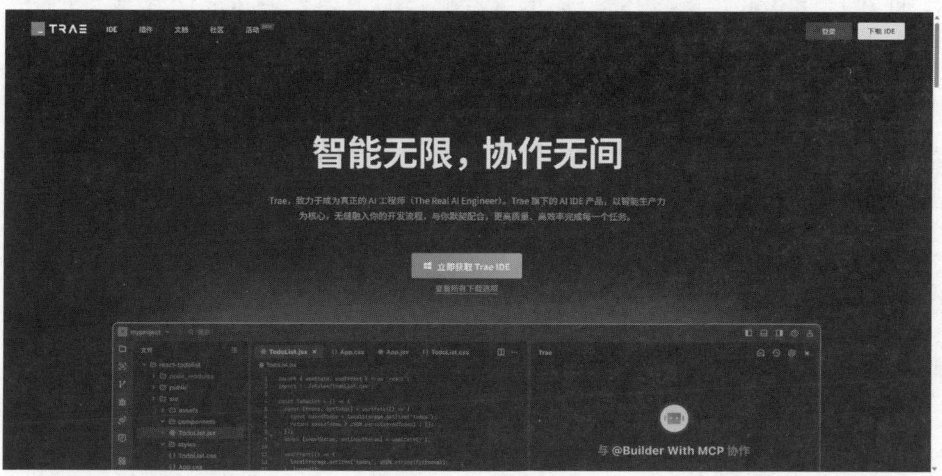

图 1-13　Trae 官网

步骤2：配置Amazon Q。

安装完成后，启动 Trae 编辑器，配置 Amazon Q。单击左侧的扩展图标（看起来像 4 个小方块），在搜索框中输入 Amazon Q，找到官方扩展并安装（见图 1-14）。

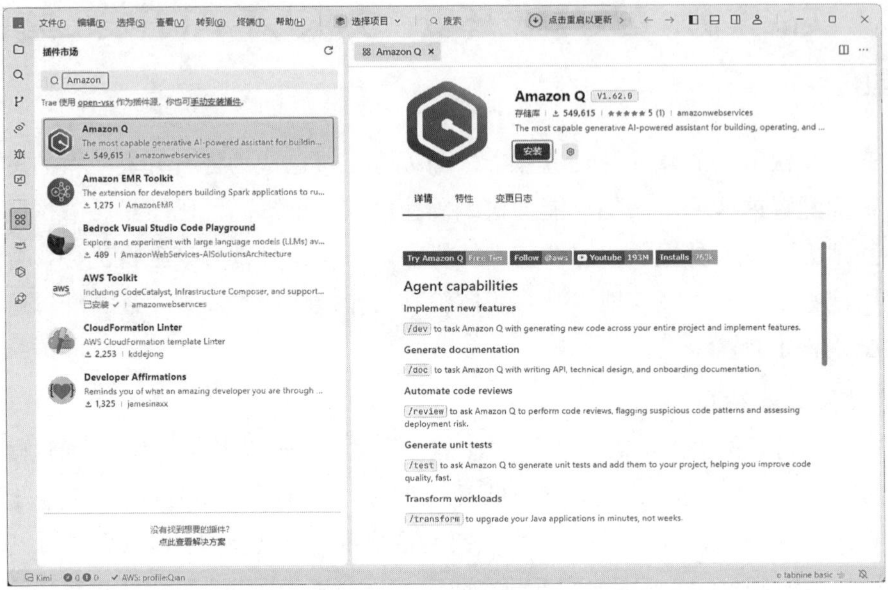

图 1-14　安装插件（1）

步骤3：登录AWS控制台。

打开 CodeWhisperer 官网，如果已有账户，单击右上角的“登录 / 注册”按钮并输入凭据进行登录。如果没有账户，单击“创建免费账户”按钮（见图 1-15）。注册过程中需要提供（见图 1-16）：电子邮箱地址和密码、账户名称、联系信息、支付信息（虽然需要提供信用卡，但个人版是免费的）、身份验证（通过手机接收验证码），完成注册后登录 AWS 控制台。

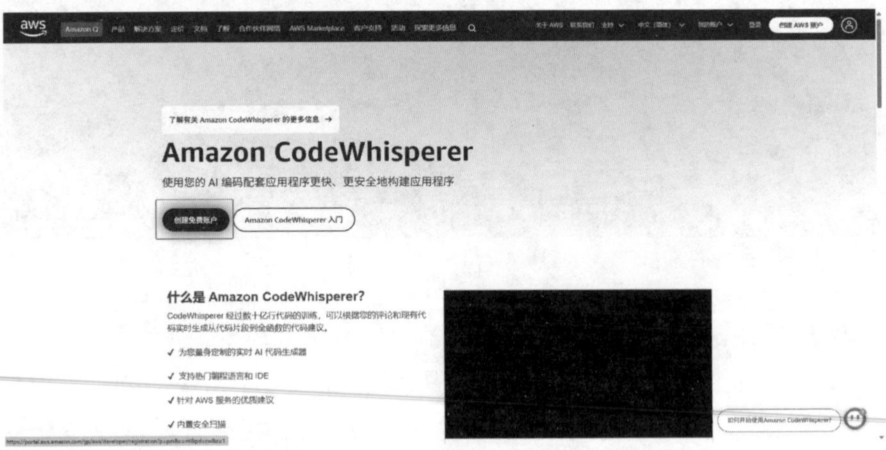

图 1-15　创建账户

图 1-16　注册账户

在成功创建账户之后，返回登录页面。在登录页面上，输入之前注册时使用的电子邮箱地址，接着输入设置的密码，最后输入系统提供的验证码。完成这些步骤后，单击“登录”按钮，可以顺利进行下一步（见图1-17）。

步骤4：回到Trae，打开Amazon Q工具面板。

回到Trae，在左侧活动栏中会出现Amazon Q图标。单击该图标打开Amazon Q工具面板，即可开始使用（见图1-18）。

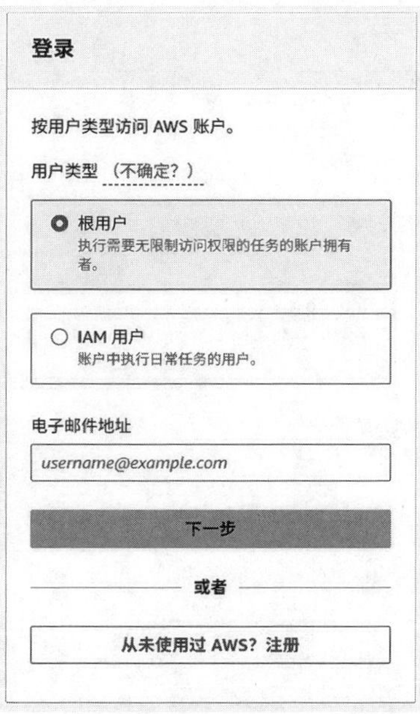

图 1-17　登录账户

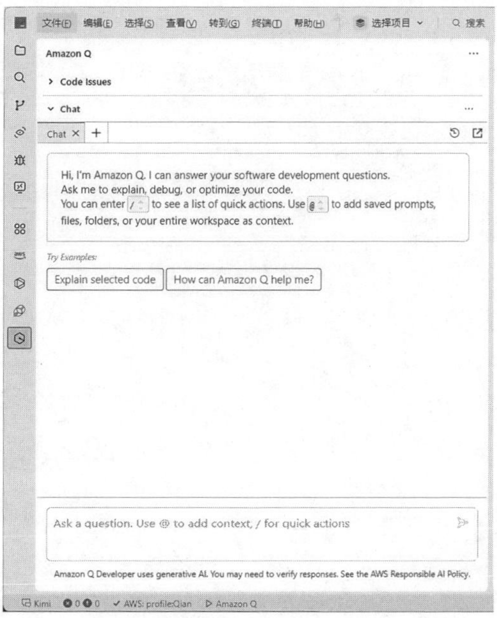

图 1-18　使用 Amazon Q 扩展

步骤5：配置DeepSeek。

首先，打开Trae软件，然后单击界面上方的“文件”菜单。在下拉菜单中选择“首选项”命令，选择“设置”命令，进入设置界面（见图1-19）。在设置界面中，继续单击“Trae AI”按钮，此时能够看到软件内置的DeepSeek模型已经准备就绪，等待进一步使用（见图1-20）。

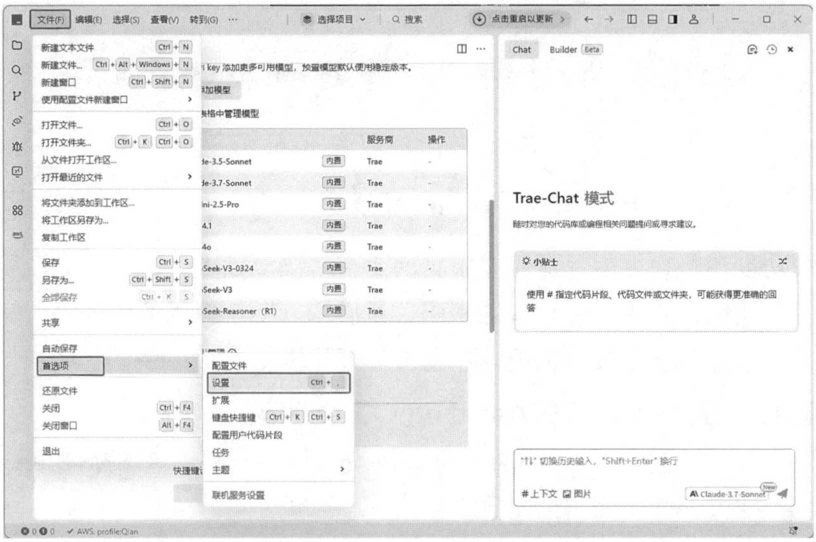

图 1-19　进入设置界面

图 1-20　模型管理

步骤6：配置Tabnine。

单击左侧的扩展图标（看起来像4个小方块），在搜索框中输入Tabnine，找到官方扩展并安装（见图1-21）。安装完毕后，需要登录Tabnine账户（见图1-22），才能使用该工具。

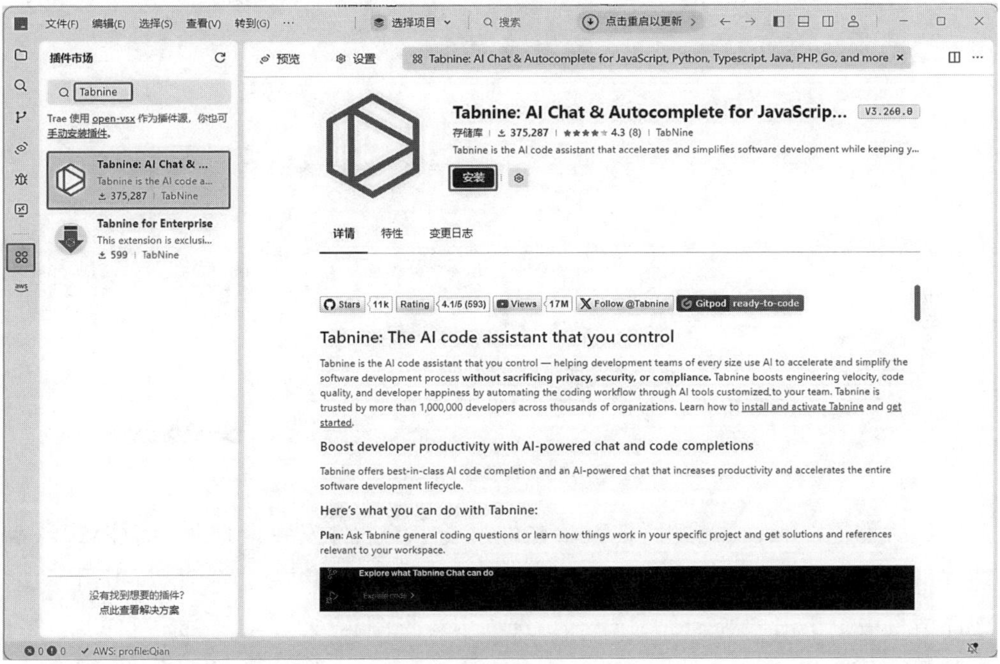

图1-21 安装插件（2）

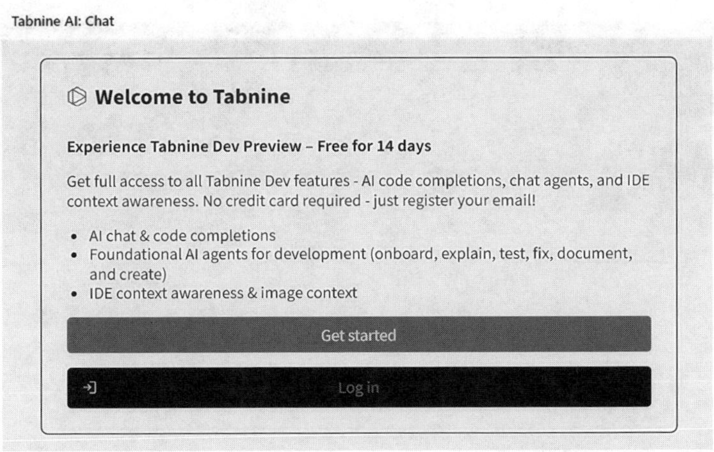

图1-22 登录Tabnine

接下来配置Mintlify，单击左侧的扩展图标（看起来像4个小方块），在搜索框中输入Mintlify官网，找到官方扩展并安装（见图1-23）。

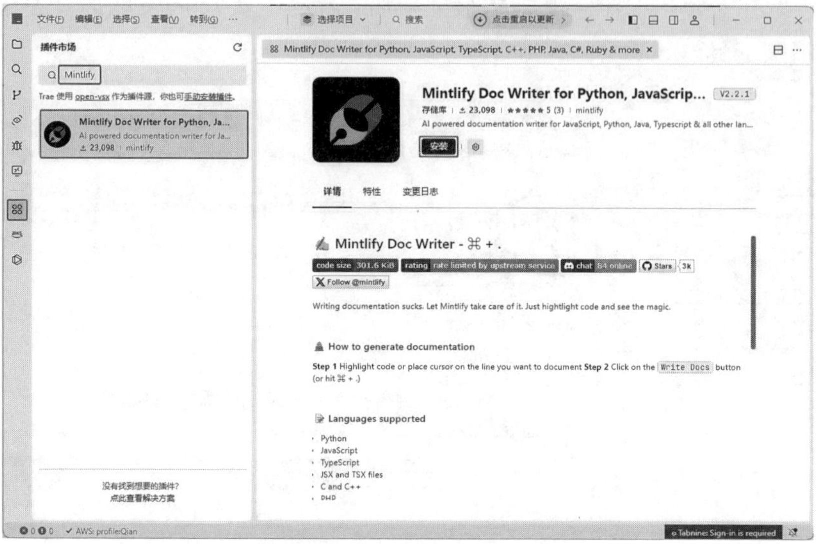

图 1-23　安装插件（3）

然后配置Kimi，需要将VS Code插件市场中的插件安装至Trae。前往VS Code插件市场，搜索Kimi插件。在搜索结果中，单击相应的结果进入插件的详情页。在详情页中，单击“Version History”选项卡（见图1-24），结合插件页的统一资源定位符（Uniform Resource Locator，URL）和Version History中的信息，提取出以下信息。

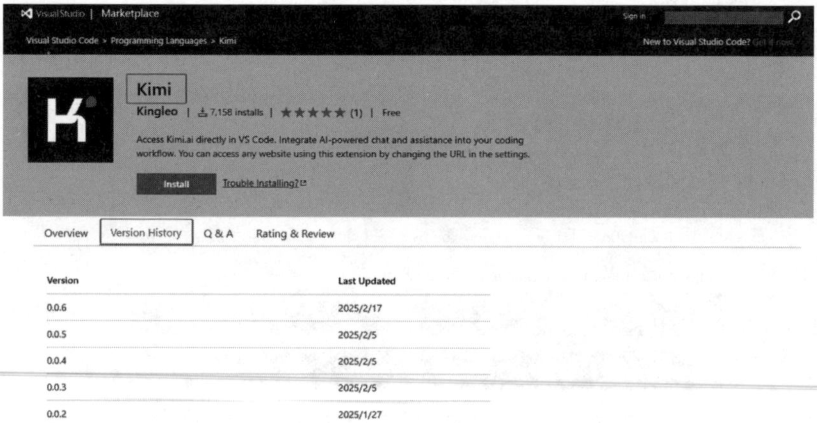

图 1-24　VS Code 插件市场查找 Kimi 插件

• itemName字段：即URL Query中的itemName字段，将小数点（.）前后的内容分成两个字段fieldA和fieldB。

• Version字段：如图1-24中的0.0.6。

使用提取出来的 3 个字段的值替换下方 URL 中的同名字段。

```
https://marketplace.visualstudio.com/_apis/public/gallery/publishers/${itemName.fieldA}/vsextensions/${itemName.fieldB}/${version}/vspackage
```

在浏览器中输入修改后的URL，然后按下“Enter”键，浏览器开始下载该插件。下载完成后，返回Trae并打开插件市场。将下载的.vsix文件拖至“插件市场”面板中，Trae开始自动安装该插件。安装完成后，该插件会出现在“已安装”选项卡中（见图1-25）。

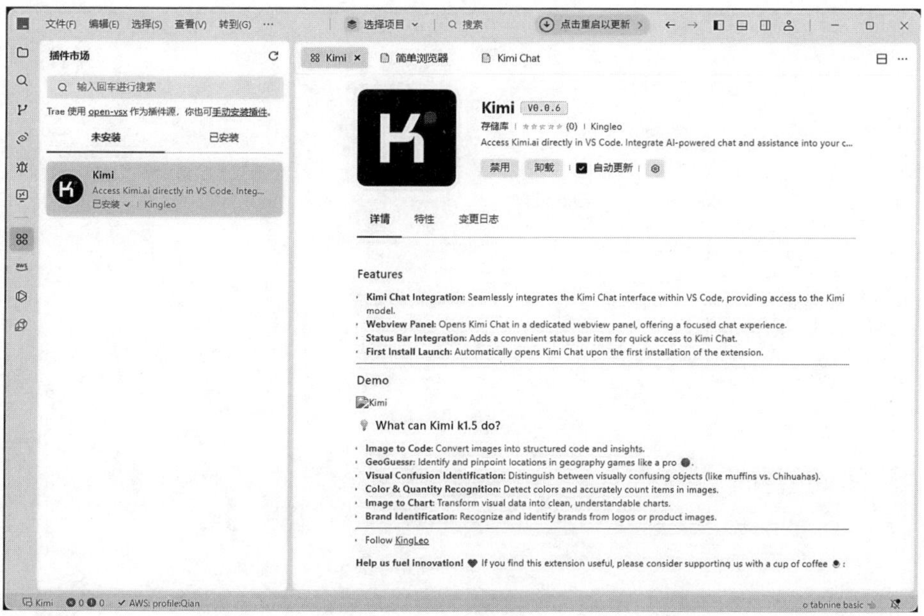

图 1-25 安装插件（4）

通过以上详细步骤，即使是编程新手也能轻松配置这6款强大的AI编程工具。每个工具都有其独特的优势，合理搭配使用这些工具能显著提升开发效率。随着使用经验的积累，大家可以进一步优化配置和工作流程，以充分发挥AI辅助编程的潜力。

AI辅助编程彻底改变了软件开发范式。借助AI工具，开发人员能在代码补全、智能重构、算法优化、测试生成与调试等多个环节实现效率的飞跃。这不仅是工具的革新，更是思维模式的转变——将程序员从烦琐、重复的编码中解放出来，专注于更具创造性和战略性的工作。掌握与AI协作的技巧，学会提出恰当的问题，正成为现代程序员的核心竞争力。当然，在为技术赋能的同时，对编程基础的深刻理解依然重要，AI是强大的助手而非替代品。人类创造力与AI效率的完美结合，才是软件开发新时代的制胜法宝，而开发速度翻倍仅是这场变革的起点。

第 2 章 智能编码与 Trae 全栈代码生成

2.1 什么是 Trae？适合哪些开发任务？

在当今的软件开发领域，人工智能正以令人惊叹的速度改变着开发人员的工作方式。Trae作为新一代AI编程工具，已经成为全栈开发人员的得力助手。简单来说，Trae是一个基于大型语言模型的代码生成工具，能够理解自然语言描述并将其转化为高质量的代码。与其他AI编程工具相比，Trae的独特之处在于其专注于全栈开发的能力，无论是前端界面、后端逻辑还是数据库操作，它都能够轻松应对。

Trae的核心优势在于其对多种编程语言和框架的深度理解。包括JavaScript、Python、Java、Go、Rust等主流语言，Trae都能输出符合最佳实践的代码。特别是在处理React、Vue、Angular等前端框架，以及Django、Spring Boot等后端框架时，Trae表现出色。这种全面覆盖使得开发人员可以在一个工具中完成全栈开发的各个环节，大大减少了在不同工具间切换的麻烦（见图2-1）。

对初学者来说，Trae堪称编程学习的理想伙伴。当面对陌生的编程概念或框架时，只需用自然语言描述需求，Trae就能生成相应的代码示例，并附带解释说明。这种互动式学习方式比传统的查阅文档或观看教程更加直观有效。初学者可以逐步理解代码逻辑，学习编程规范，同时避免因语法错误而产生的挫败感。

在复杂项目的开发中，Trae的价值更加凸显。开发人员只需提供高层次的功能描述，Trae就能够生成完整的组件或模块，包括必要的数据结构、函数实现和错误处理。这大大加快了从概念到代码的转化速度，使开发人员能够更多地专注于系统架构和用户体验等高层次的思考。

Trae特别适合原型开发和快速验证阶段。在产品初期，团队往往需要快速构建功能原型以验证想法的可行性。在传统方式下，这可能需要数天甚至数周的编码工作。而使用Trae，只需几分钟就能生成可运行的原型代码，大大缩短了产品从构思到实现的周期。这不仅节省了宝贵的开发资源，还为产品迭代提供了更大的灵活性。

在API开发和集成方面，Trae同样表现出色。现代应用程序通常需要与多种外部服务和API进行交互，如支付网关、社交媒体平台或云服务等。Trae能够根据API文档或简单的描述，生成完整的请求处理代码，包括参数构建、认证处理、响应解析和错误处理。这极大地降低了API集成的复杂性，减少了开发人员查阅文档和调试的时间。

数据库操作是许多开发人员感到棘手的领域，而Trae在这方面提供了强大的支持。无论是使用结构化查询语言（Structured Query Language，SQL）构建的查询语句、对象关系映射（Object-Relational Mapping，ORM）模型定义还是数据迁移脚本，Trae都能生成准确高效的代码。特别是在处理复杂的多表连接查询或性能优化时，Trae生成的代码往往比一般开发人员手写的代码更加优质和安全。

图 2-1　Trae 的适用场景

对于拥有遗留系统的团队，Trae也是代码优化的得力助手。开发人员可以将旧系统的关键功能描述输入给Trae，获取使用现代技术栈实现的等效代码。这为系统升级提供了便捷途径，减少了重写过程中的错误和遗漏。同样，当项目需要从一种技术栈迁移到另一种技术栈时，Trae也能提供宝贵的代码转换支持。

在团队协作方面，Trae能够确保代码风格的一致性。团队可以设定特定的代码规范和架构模式，Trae会基于这些规范生成代码，减少团队成员间的风格差异和潜在冲突。新加入的团队成员也能借助Trae更快地适应项目代码风格，缩短融入团队的时间。

值得注意的是，虽然Trae在多种场景下表现出色，但它并不适合所有开发任务。对于高度优化的算法实现、底层系统编程或特定领域的专用语言，可能需要结合其他专业工具。同样，对于涉及复杂业务逻辑或依赖特定领域知识的开发任务，Trae生成的代码可能需要专业开发人员的审查和调整。

总的来说，Trae是全栈开发、原型设计、API集成和学习编程的理想工具。无论是经验丰富的开发人员还是编程新手，都能从Trae强大的代码生成能力中受益，大幅提升开发效率和代码质量。随着AI技术的不断进步，Trae等工具正在重新定义软件开发的方式，让编程变得更加高效、更加愉悦、更具创造性。

2.2 用一句话生成完整模块：用自然语言生成代码的正确姿势

当代码编写变得如同对话一般简单时，软件开发的世界便迎来了一场革命。使用Trae等AI编程工具生成代码，关键在于掌握“与AI沟通”的艺术。良好的提示描述是获取高质量代码的基础，就像清晰的设计文档对传统开发的重要性一样。通过精确的自然语言描述，开发人员能够一次性获得功能完整、结构合理的代码模块，从而将注意力集中在更具创造性的任务上。

在向Trae说明需求时，首先要明确告诉它你要设计什么功能。例如，直接说“做一个用户登录页面”或“制作一个计算器程序”。这样的简单描述就像告诉厨师“我要一道西红柿炒鸡蛋”一样直接明了。例如，一位电商网站开发人员在使用Trae时，输入：“创建一个带有表单验证的用户注册页面，包含用户名、邮箱、密码和确认密码字段”，即刻就获得了一个完整的React组件，包含字段验证和表单提交逻辑（见图2-2和图2-3）。

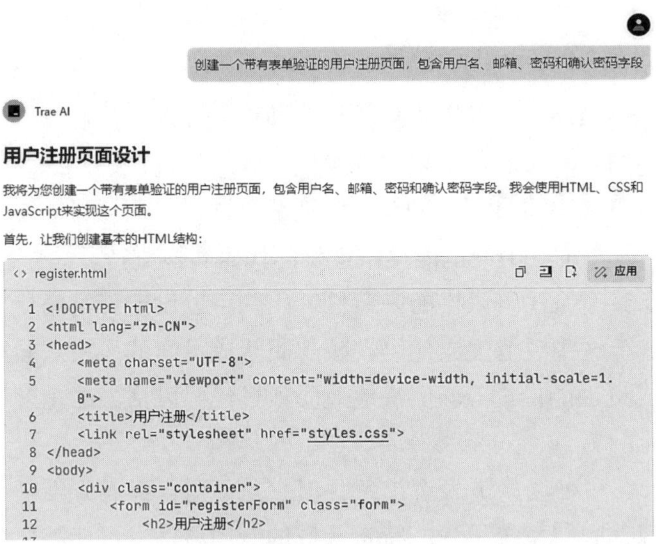

图 2-2　功能需求明确化（1）

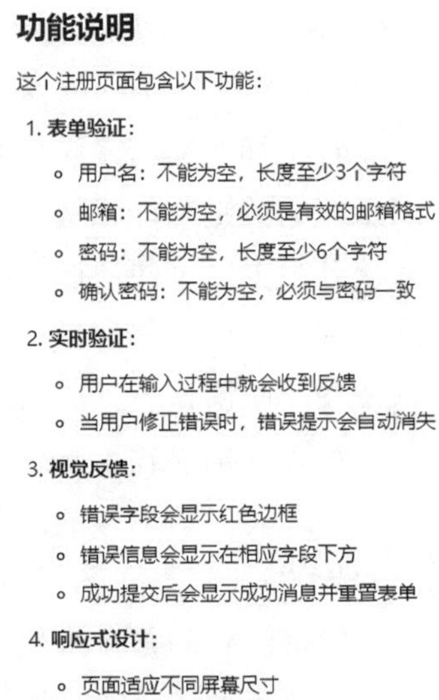

图 2-3　功能需求明确化（2）

告诉 Trae 你想用哪种编程语言或技术也很重要。就像指定菜品的烹饪方式一样，你可以说“用 JavaScript 写”或“使用 Python 语言”。这样 Trae 就能按照你期望的方式生成代码。一位小学老师想为班级制作一个简单的计分板，她虽然不懂编程，但听说过网页既方便分享，也方便更新内容，于是她告诉 Trae：“用网页技术（HTML 和 JavaScript）制作一个班级计分板，可以添加学生姓名和分数”。结果她得到了一个可以直接使用的网页，通过手机就能记录学生的表现（见图 2-4 和图 2-5）。

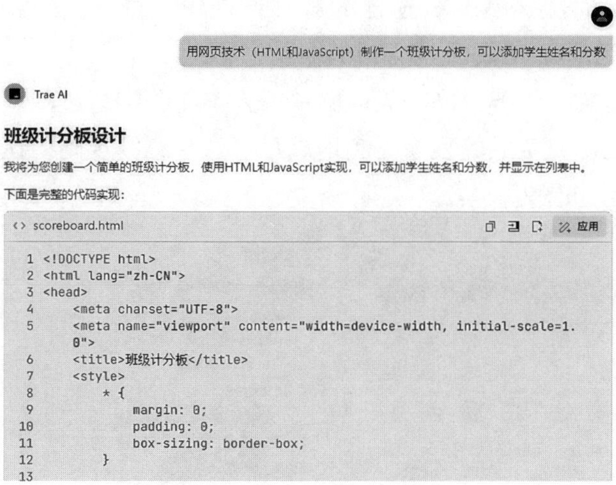

图 2-4 技术上下文指定（1）

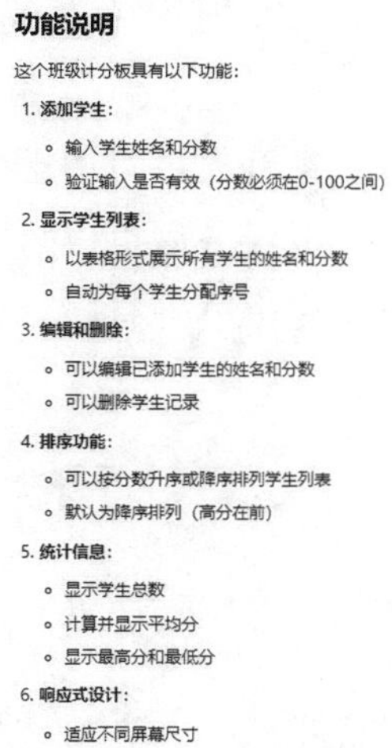

图 2-5 技术上下文指定（2）

描述输入和输出也能让结果更准确。例如，这样描述："这个程序需要用户输入姓名和年龄，然后显示一句问候语"。这就像告诉服务员"我要一杯咖啡，加两块糖，不加奶"一样具体。某健身教练想做一个计算卡路里的小工具，他描述道："制作一个程序，用户输入体重（千克）、运动时间（分钟）和运动类型（跑步、游泳、骑车），然后计算出消耗的卡路里"。Trae生成的计算器不仅功能准确，还有友好的用户界面（见图2-6和图2-7）。

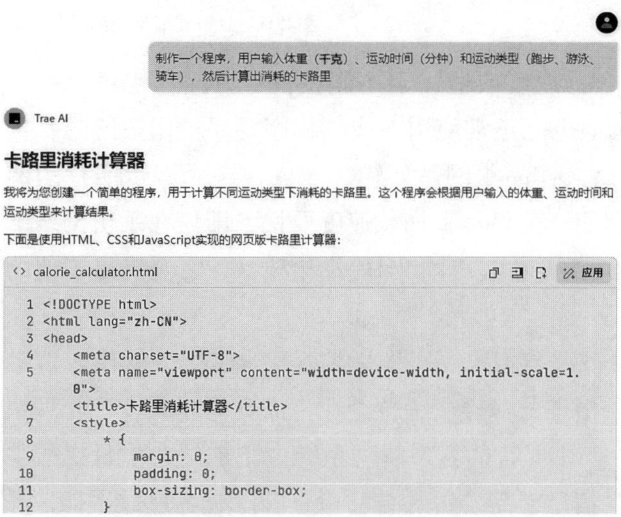

图 2-6 输入、输出规范（1）

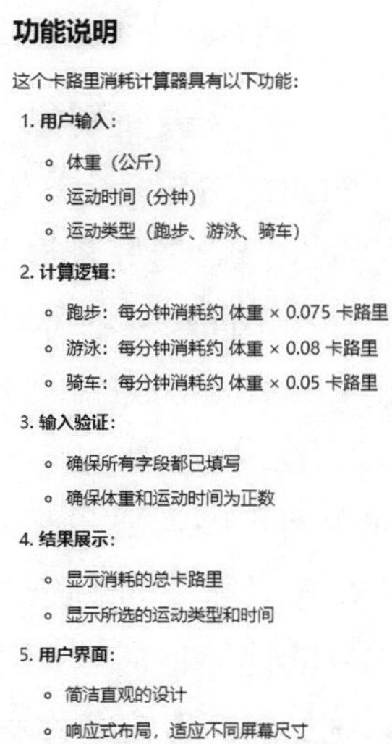

图 2-7 输入、输出规范（2）

特殊规则或要求也应提前说明。例如，“密码至少有8个字符，包含大小写字母和数字”或“总价满100元时免运费”。这样的规则让程序更符合实际需要。一位妈妈想做一个家庭任务分配工具，她告诉Trae：“创建一个家务分配表，每个家庭成员每周至少分配两项任务，同一天内同一个人不能分配超过两项任务，完成任务后可以打钩标记”。生成的程序完美地满足了这些家庭规则，让家务分配变得公平有序（见图2-8和图2-9）。

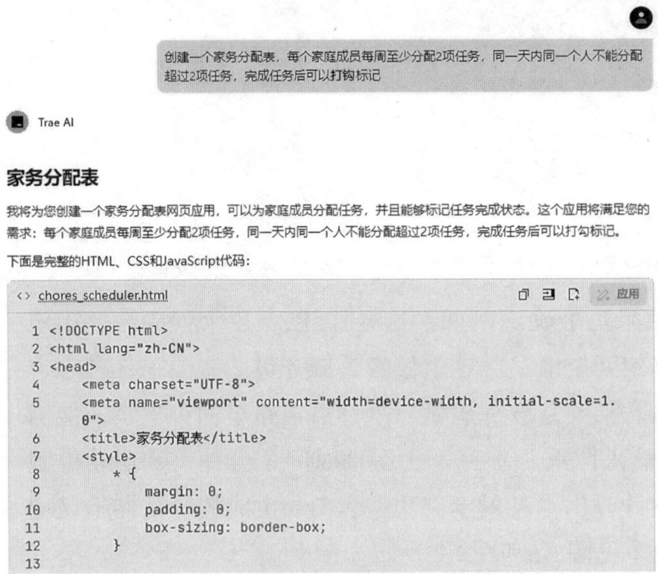

图 2-8　业务规则与约束条件（1）

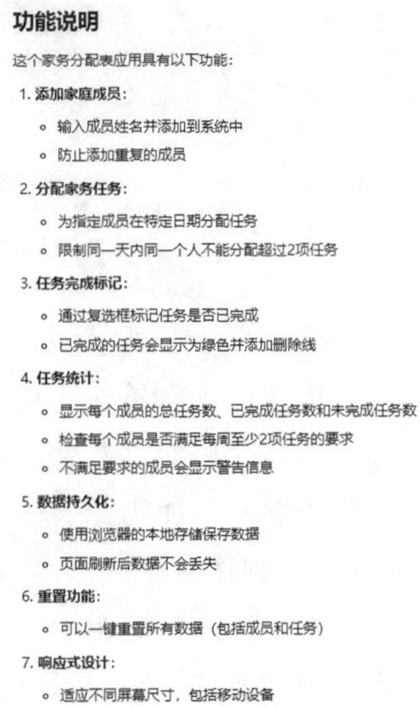

图 2-9　业务规则与约束条件（2）

如果程序需要特别注意安全、速度或适用于不同设备等方面，也可以一并说明。例如，“网站需要在手机上也能正常使用”或“程序要保护用户的隐私信息”。一位摄影爱好者想制作个人作品集网站，输入“创建一个展示照片的网站，照片在不同尺寸的屏幕上都能完美显示，加载速度要快，即使在手机网络下也流畅”，Trae生成的网站采用了响应式设计和图片优化技术，完全满足了他的期望（见图2-10和图2-11）。

如果新程序需要与已有系统配合使用，记得提供必要的信息。就像告诉装修工人新家具需要与现有装饰风格搭配一样。一位企业主需要为现有客户管理系统添加新功能，他向Trae提出：“在现有的客户管理系统中添加一个生日提醒功能，系统已经有客户名称和生日信息，需要每天自动检查有没有客户过生日，并发送邮件通知”。Trae生成的代码完美地融入现有的系统中。

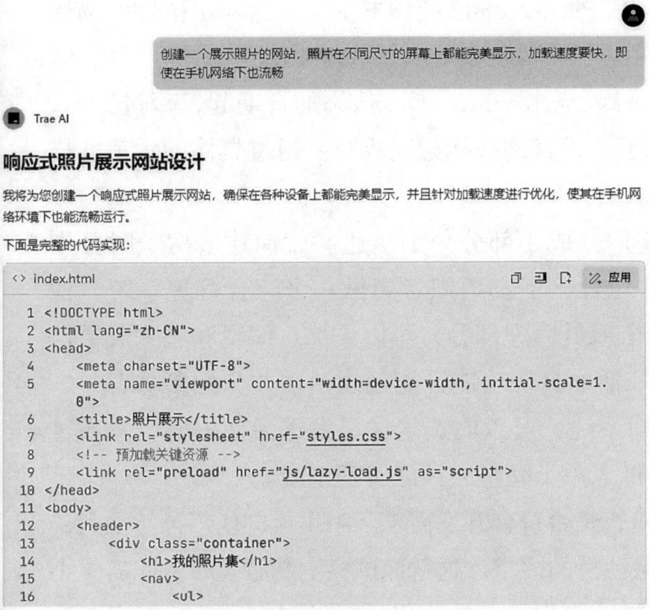

图 2-10 非功能需求（1）

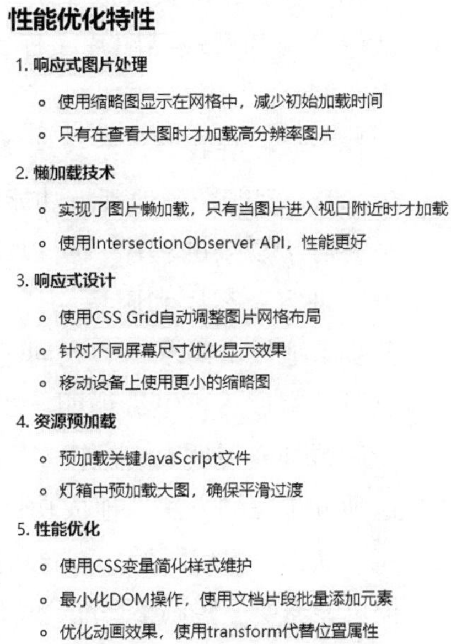

图 2-11 非功能需求（2）

在代码风格和结构的偏好优化方面也很有帮助。例如，“代码要简单易懂”或“使用简洁的命名方式”。这就像告诉裁缝你喜欢什么风格的衣服一样。一位教编程的老师请求：“创建几个简单的Python示例程序，代码要易于理解，变量名要有意义，包含详细注释，适合向初学者展示”。Trae生成的示例代码非常清晰，每行都有注释，是很好的教学材料。

处理错误和特殊情况的能力也是好程序的标志。告诉Trae如何应对可能出现的问题，例如，“当用户没有输入姓名时显示提示信息”或“网络连接失败时自动重试”。一位旅游爱好者想做一个天气查询应用，他强调：“创建一个查询天气的应用，当网络连接失败或城市名称输入错误时，给出友好提示并允许用户重新输入”。生成的程序能够优雅地处理各种意外情况，用户体验非常好。

如果第一次生成的程序不完全符合你的想法，可以提供具体反馈并要求改进。这就像品尝菜肴后告诉厨师“再加点盐”或“做得不那么辣”一样。一位爸爸想为孩子做一个学习乘法表的游戏，在看到第一版后，他补充道：“游戏太难了，能否添加不同的难度级别，并在答错时提供提示？”Trae很快调整了程序，增加了初级、中级和高级模式，孩子们都很喜欢。

提供具体例子也能帮助Trae更好地理解需求。例如，当用户输入“张三”和

“18岁”时，网页应该显示“你好，张三！你已经18岁了”。这样示范性的描述就像给厨师看成品图片一样直观。一位园艺爱好者要做植物浇水提醒工具，输入：“我添加了‘玫瑰’，设置每3天浇水一次，那么从添加日期起，每过3天系统就应该提醒我‘该给玫瑰浇水了’，直到我标记完成”。通过具体的示范性描述，Trae就能准确地理解功能需求。

对于复杂的程序，可以将其拆分成小部分分别描述。就像建造房子时分别设计卧室、客厅和厨房一样。一位社区活动组织者想做一个综合管理系统，他分步骤地提出需求：“先创建一个成员管理部分，可以添加、编辑和删除成员信息”。完成后再继续说明：“添加活动日历功能，能创建活动并分配参与者”。最后再补充说明：“制作一个通知系统，可以向选定成员发送活动提醒”。通过这种分步骤的方法，他成功地获得了一个完整的社区管理系统。

获得程序代码后，不要忘记检查是否符合开发需求。AI生成的代码虽然强大，但可能需要一些调整才能完全满足独特的需求。这就像试穿定制服装时可能需要小修小改一样。一位医生获得病人随访管理系统的代码后，发现它虽然功能完善，但缺少医院特定的隐私保护措施，他找了程序员朋友帮忙调整了这部分功能。

通过掌握这些与AI交流的技巧，任何人都能利用Trae等工具创建实用的程序，而不必学习复杂的编程语言。这就像现在人人都能用手机拍出好照片，而不必精通专业摄影技术一样。一个好的需求描述可以节省大量时间，让开发人员专注于创意和实际应用，而不是被技术细节困扰。编程不再是专业人士的专利，而是每个人都能掌握的实用技能。

2.3 多语言项目Java+Python+JavaScript协作的AI写法

现代软件项目常常不限于单一编程语言，而是根据不同的需求选择最合适的工具。这就像建造一栋房子需要木工、电工和水管工共同协作一样。在实际开发中，可能会同时使用Java处理核心业务逻辑，使用Python进行数据分析，使用JavaScript负责网页交互。这种多语言协作能够发挥各种语言的优势，但也给开发人员带来了额外的学习和维护负担。

幸运的是，Trae这样的AI编程工具就像一位全能翻译，能够流利地“说”多种编程语言。即使用户只会用中文表达想法，不懂任何编程，它也能把想法变成可用的程序。

在实际应用中，一个典型的多语言项目可能包含Java后端服务器、Python数据处理模块和JavaScript前端界面。例如，想要建立一个完整的店铺管理系统，需要向Trae描述需求："我需要一个咖啡店管理系统，能记录销售、管理库存和跟踪常客。后端用Java处理业务逻辑，数据分析用Python，顾客界面用网页JS技术"。短短几分钟内，Trae就可以生成一套完整的多语言解决方案（见图2-12）。

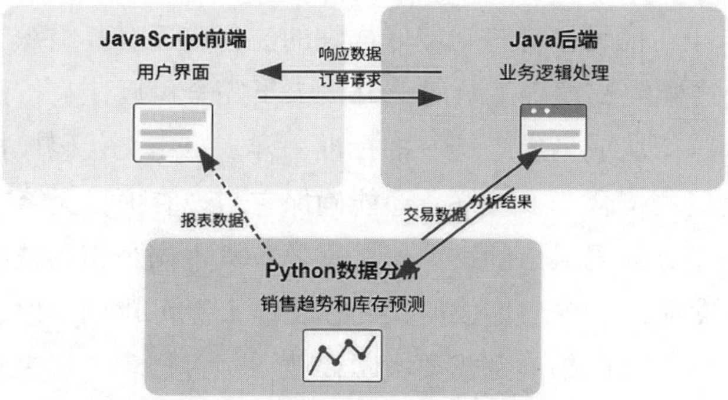

图 2-12　咖啡店管理系统的多语言架构

对于Java部分，Trae会创建处理核心业务的代码。这些代码就像是系统的"大脑"，负责记录每一笔交易、管理库存和客户信息。咖啡店老板小王收到的Java代码会处理所有重要的计算和数据存储工作，确保信息安全可靠。

Python部分则负责思考和分析。当小王想知道"哪种咖啡最畅销"或"下周需要进多少牛奶"时，Python代码会分析历史数据并给出答案。这就像拥有一位数据分析师，能从大量信息中找出有用的规律。

JavaScript则负责制作人们看到的界面。店铺收银员和顾客使用的屏幕、按钮和页面都是由它创建的。Trae生成的界面简单易用，即使是第一天上班的员工也能很快学会使用。这些界面在电脑、平板或手机上都能正常显示。

这三种语言需要相互"交谈"才能协同工作。Trae通过设计标准的"交流方式"解决了这个问题。当有顾客下单时，前台界面（JavaScript）会把订单信息发送给后台处理系统（Java），后台处理完成后，数据会被保存并供分析系统（Python）使用。分析结果再传回给其他部分，整个过程像一条流水线。

使用Trae开发多语言项目的一个好处是所有代码看起来都像是同一个人写的，这使得将来维护和更新系统变得更容易。

总之，借助Trae这样的AI助手，多语言项目开发变得像讲故事一样简单。只需描述想要什么，AI就能生成一个由多种编程语言组成的完整解决方案。这就像拥有一个神奇的建筑团队，只需说出想要的房子样式，他们就能处理所有的设计、建造和装修工作。AI正在让复杂的软件开发变得人人可及，不再需要专业的编程知识。

2.4 自定义代码模板与风格配置

代码风格就像个人的写字习惯，每个开发人员或团队都有自己喜欢的方式。有些喜欢简洁干净的代码，有些则偏好详细的注释，还有些组织有严格的编码规范。在使用Trae这样的AI编程工具时，开发人员完全可以让它按照特定的风格生成代码，就像训练团队成员遵守统一的标准一样。自定义代码模板和风格设置不仅能让生成的代码更符合个人喜好，还能确保它与现有项目无缝融合。

在企业环境中，代码风格的统一至关重要。某电商公司的技术主管王工在团队中引入Trae后发现，虽然AI生成的代码在功能上无可挑剔，但风格与团队现有代码差异明显，导致每次集成都需要大量修改。经过摸索，王工发现只需在项目开始时向Trae明确说明团队的代码规范，后续生成的所有代码就能自动遵循这些准则，仿佛Trae已成为熟悉团队风格的资深开发人员。

最直接的自定义方法是在需求描述中明确指出风格偏好。创业者李先生在请求Trae帮助构建网站后台时，特意补充道："所有代码请使用4个空格缩进，类名采用PascalCase命名法，方法和变量使用camelCase，常量使用UPPER_SNAKE_CASE。每个函数必须有文档注释说明用途、参数和返回值"。Trae完美地执行了这些风格要求，生成的代码不仅功能完整，还完全符合李明的审美偏好，看起来就像他自己编写的一样。

提供具体的代码示例是传达风格期望的有效途径。自由设计师陈女士没有学习过编程，但对网站前端有明确的视觉要求。她向Trae提供了一段喜欢的HTML和CSS代码片段，简单地说道："请按照这个风格创建完整的网页"。Trae敏锐地捕捉到了示例中的命名约定、注释风格和布局方式，生成的整个网站保持了一致的视觉语言和代码组织结构。

代码组织结构也是其风格的重要组成部分。教育科技公司的项目经理张工在开发学生管理系统时，向Trae说明："希望采用MVC架构，将控制器放在controllers文件夹中，将模型放在models文件夹中，将视图放在views文件夹中。所有业务逻辑应从控制器中分离出来，放在services文件夹的服务类中"。这样的结构说明让Trae能够生成符合团队架构标准的代码，避免了后期重构的麻烦（见图2-13）。

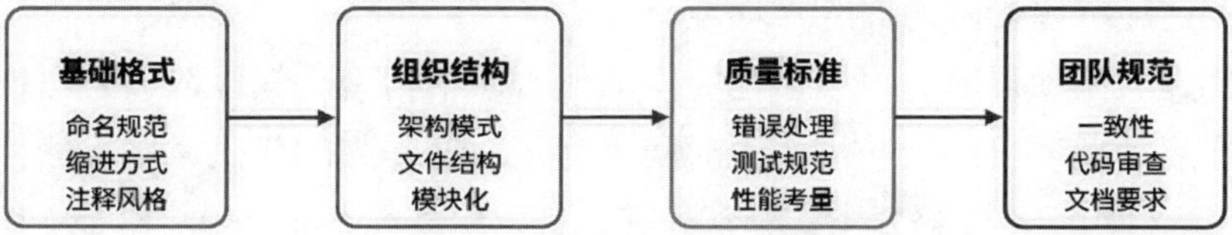

图 2-13　代码风格定制层次

命名规范直接影响代码的可读性。零售分析公司的数据科学家刘博士在请求数据处理脚本时，特别强调："所有与客户相关的变量请以customer_为前缀，与产品相关的变量用product_作为前缀，数据处理函数使用process_开头，数据验证函数用validate_开头。"这种一致的命名模式极大地提升了代码的可读性，新成员查看代码时能迅速了解变量和函数的用途，大大降低了学习门槛。

注释的风格和密度也可以定制。医疗软件开发人员赵工追求严谨，他要求Trae："每个类上方需要有完整的类描述注释，包括作者、创建日期和用途；每个方法前必须有详细的注释来说明功能、参数、返回值和可能的异常；关键算法步骤需要有行内注释来解释原理；所有与医疗数据相关的处理必须特别标注数据隐私考虑"。按照这些指导生成的代码注释翔实，符合医疗软件的严谨要求，也便于监管和审计。

错误处理策略同样体现了编码风格。金融科技公司的安全专家钱女士在请求支付处理模块时指出："必须明确捕获所有可能的异常并分类处理，对于网络错误、数据格式错误和业务逻辑错误，应分别用不同的自定义异常类型表示，错误日志必须包含详细的上下文信息，但不得记录敏感数据，客户端展示的错误信息必须简洁友好"。Trae生成的代码包含完善的异常处理机制，既符合企业级应用的稳定性要求，又保护了用户隐私。

文件结构和模块化程度也是可以自定义的重要方面。游戏开发人员吴先生向Trae描述："希望游戏逻辑按功能拆分成多个小文件，每个文件不超过300行代码；核心引擎、UI系统、音效系统和网络通信应完全分离；配置数据应存放在独立的JSON文件中，而非硬编在代码里"。这种清晰的文件组织结构使得大型项目更易于维护，团队成员可以并行工作而不会频繁地遇到代码冲突。

性能优化要求也是代码风格的一部分。物联网公司的嵌入式开发人员孙工在请求传感器数据处理代码时强调："资源有限，请优化内存使用，避免动态内存分配，循环中不要创建临时对象，优先使用指针操作而非只复制，关键路径要避免函数调用开销"。Trae根据这些性能导向的风格要求，生成了高效、精简的代码，完美适配资源受限的嵌入式环境。

在构建大型项目时，可以创建完整的代码风格指南。软件咨询公司技术总监林女士在启动新项目前，花了一天时间编写了一份详细的代码风格文档，涵盖命名规范、文件组织、注释要求、异常处理、日志记录等方面。她将整个文档提供给Trae并说明："接下来项目中所有代码的生成都应严格遵循这份风格指南"。这种方式确保了长期项目中生成的所有代码保持一致的风格，无论团队成员如何变动。

对于习惯使用特定框架的开发人员，可以让Trae遵循框架的最佳实践。前端开发人员周先生告诉Trae："请使用Angular Material设计系统，遵循Angular风格指南，组件采用展示组件和容器组件分离的模式，状态管理使用NgRx，所有HTTP请求通过拦截器处理统一的错误情况"。Trae完全理解并应用了这些Angular生态系统的规范，生成的代码就像是经验丰富的Angular开发人员精心编写的一样。

代码的整洁度和优雅程度也可以个性化。追求极简的初创公司创始人黄先生要求："代码要简洁优雅，单个函数不超过15行，避免嵌套if语句，优先使用函数式编程风格，重复代码必须提取为工具函数，不要过度工程化，功能实现以直观为主"。Trae根据这些指导原则生成的代码简洁明了，避免了不必要的复杂性，非常适合快速迭代的创业环境。

测试代码的风格同样重要。测试驱动开发爱好者马女士在请求新功能时说明："每个功能模块都需要配套的单元测试，测试命名采用should_expected-Behavior_when_condition格式，使用AAA（Arrange-Act-Assert）模式组织测试代码，测试覆盖率要达到90%以上，包括正常路径和各种边界情况"。Trae不仅生成了符合要求的功能代码，还附带了完备的测试用例，使项目从一开始就建立了良好的质量保障机制。

工具链集成也可以在风格配置中体现。持续集成专家郭先生指出："所有项目代码都需要通过ESLint检查，配置文件我已提供，构建过程使用Webpack，配置文件结构遵循特定模式，代码提交前必须通过Prettier格式化"。Trae生成的代码完全兼容这套工具链，保证了集成到现有流程中的顺畅体验。

随着使用经验的积累，开发人员还可以创建个人风格配置库。资深架构师丁女士维护了一份详细的"Trae风格指南"文档，涵盖了她常用的各种项目类型、编程语言和框架的代码风格规范。每次开始新项目，她只需简单引用相应的风格部分，就能确保生成的代码与她过去的项目保持一致，减少重复说明的麻烦（见图2-14）。

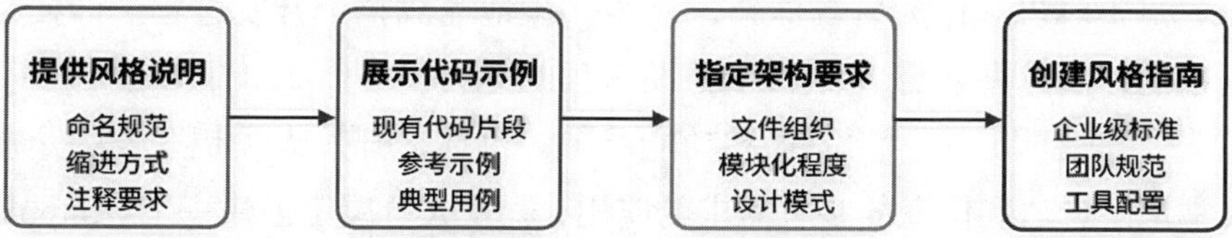

图 2-14　代码风格定制流程

跨语言一致性是企业级开发的挑战。全栈开发团队负责人冯工发现，在多语言项目中保持统一的风格特别重要。他向Trae说明："无论是Java后端、Python数据处理还是JavaScript前端，所有代码都应遵循一致的命名规范和文档风格，变量名和函数名的含义要保持一致，错误处理机制要统一，接口命名要遵循同样的模式"。这种跨语言的风格一致性大大降低了开发人员在不同技术栈之间切换的认知负担。

随着项目的进展，可能需要调整风格。敏捷开发实践者田先生发现，最初设定的代码风格随着项目的发展略显烦琐。他向Trae更新了要求："前期注重的详细注释现在可以精简，更多关注关键算法和复杂业务逻辑的说明；可以提高代码模块化程度，进一步抽象重复逻辑；提升性能优化权重，请在关键路径上应用更多优化技巧"。Trae灵活地适应了这些变化，生成的代码风格随项目成熟度的提高而演进。

通过精心配置代码模板和风格，Trae生成的代码能够与现有项目完美融合，看起来就像团队成员亲自编写的一样。这不仅提高了代码质量和一致性，还减少了后期调整的工作量，让AI编程工具真正成为开发人员的得力助手，而不仅仅是功能性工具。无论是个人开发人员追求的编码美学，还是企业团队需要的严格规范，Trae都能适应并精确执行，将枯燥的格式规范工作自动化，让开发人员专注于创造性地解决问题。

2.5　实战案例：使用 Trae 构建全栈 Web 应用

接下来将带领大家踏上一段有趣的编程之旅，通过具体的实践案例，详细展示如何利用Trae这款强大的人工智能编程工具，从零开始构建一个功能完整的全栈万维网（World Wide Web）应用。将使用超文本标记语言（Hypertext Markup Language，HTML）+层叠样式表（Cascading Style Sheets，CSS）+jQuery（JavaScript Query，jQ）作为前端技术，FastAPI（Fast Application Programming

Interface，FastAPI）作为后端框架，一步一步地完成整个开发过程。即使是编程新手，也能跟随这些步骤，体验AI辅助编程的魅力。

首先，需要明确项目的需求和功能范围。例如，开发人员想开发一个能满足用户日常记录想法和信息的基本需求的应用，开发人员决定创建一个“SimpleNotes（跨平台同步工具）”。这个应用允许用户创建新的笔记，每个笔记包含标题和内容两个基本元素。用户可以在任何时候快速记录下灵感或重要信息，而不必担心格式或复杂的操作流程。创建笔记的界面应该简洁明了，让用户能够专注于内容创作。

在技术选型上，将使用传统而稳定的HTML+CSS+jQuery组合作为前端技术栈，轻量级高效的Python的FastAPI框架作为后端。这个组合适合初学者学习，也能满足开发人员构建功能完整应用的需求。有了这些基本规划，可以开始使用Trae来协助开发了。

步骤1：打开Trae的编译页面。

首先进入Trae，会看到编译界面，默认显示之前的项目。在页面中找到“打开文件夹”按钮，单击它（见图2-15）。在弹出的对话框中，选择或新建文件夹“SimpleNotes”（见图2-16）。

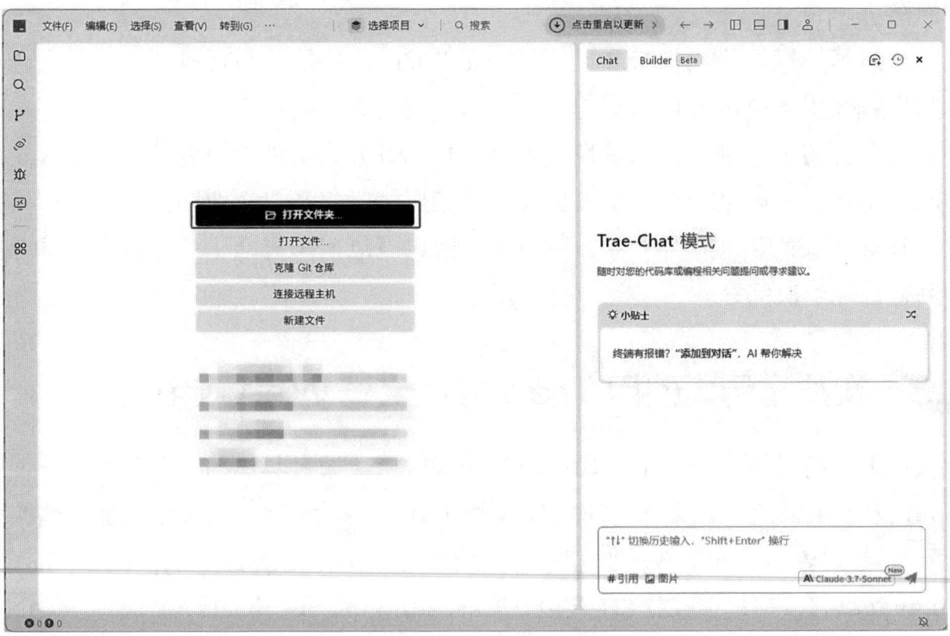

图 2-15　单击“打开文件夹”按钮

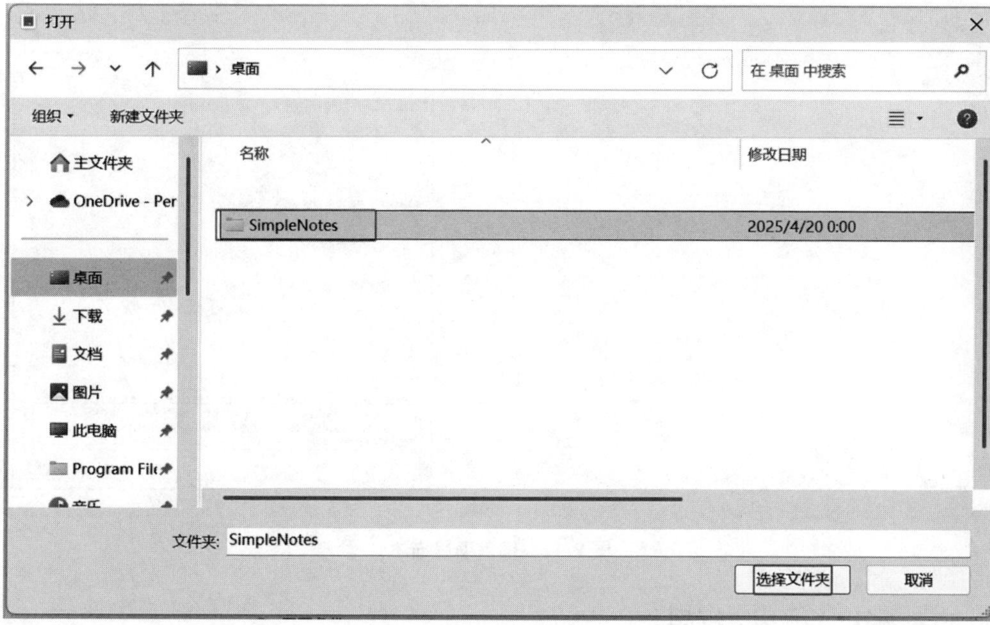

图 2-16　选择文件夹

步骤2：描述要构建的应用。

接下来是最关键的一步，进入界面后会看到一个文本输入区域，这是Trae最强大的部分之一，开发人员可以用自然语言描述自己想要构建的应用（见图2-17）。在这里详细描述项目需求，包括功能要求和技术栈要求。功能要求包括创建新笔记（标题和内容）、查看所有笔记列表、查看单个笔记详情、删除不需要的笔记。技术栈要求是指要明确指定使用HTML、CSS和jQuery作为前端，Python的FastAPI框架作为后端。

在Trae的项目描述框中，输入以下内容。

> 创建一个简易的笔记应用，用户可以创建新笔记（标题和内容）、查看所有笔记列表、查看单个笔记详情、删除不需要的笔记。前端框架选择“HTML+CSS+jQuery”，后端框架选择“FastAPI”。

图 2-17　输入项目描述

步骤3：生成初步规划。

提交需求后，Trae会分析描述内容，生成规划项目的初步目录结构。这个结构包含需要的所有主要组件，包括但不限于前端的静态文件夹，这是存放所有前端资源如HTML、CSS和JavaScript（JS）文件的地方；后端API模块，负责处理前端发送的请求并返回数据。通过这样的结构，可以清晰地看到项目的整体框架，从而更有效地进行后续的开发工作。下面是一个具体的目录结构示例。

```
SimpleNotes/
├── static/
│   ├── css/
│   │   └── style.css
│   └── js/
│       └── main.js
├── templates/
│   └── index.html
├── main.py
└── requirements.txt
```

根据规划项目的目录结构，Trae开始生成项目代码。这个过程可能需要几秒到几分钟，具体时间取决于项目的复杂度。随着时间的推移，开发人员能够看到Trae为自己量身定制的代码逐渐成形。完成代码的生成后，在代码框的右上角找到并单击“应用”按钮。通过这个操作，Trae能够自动地将代码的变更应用到指定文件夹（见图2-18）。

```
main.py
from fastapi import FastAPI, HTTPException
from fastapi.staticfiles import StaticFiles
from fastapi.templating import Jinja2Templates
from fastapi.responses import HTMLResponse
from fastapi import Request
from pydantic import BaseModel
```

图2-18　应用代码

步骤4：进行后端程序设计。

Trae首先进行后端程序设计，使用FastAPI框架构建。它提供了一个网络服务器，允许开发人员通过网页界面创建、查看和删除笔记。启动程序后，开发人员可以访问主页查看所有笔记，单击"特定笔记"查看详情，或者"创建新笔记"和"删除旧笔记"。所有笔记数据暂时存储在内存的列表中，每条笔记包含唯一标识符、标题、内容和创建时间。

框架初始化

导入核心模块：使用 FastAPI 创建 API 实例，利用 StaticFiles 托管前端静态资源，通过 Jinja2Templates 实现 HTML 模板渲染，引入 pydantic.BaseModel 定义数据模型验证规则，依赖 uuid 生成唯一笔记 ID，使用 datetime 记录创建时间。

配置应用基础：挂载静态文件目录（CSS/JS 等），指定模板文件路径（HTML 页面）。

示例代码如下。

```
#main.py#
from fastapi import FastAPI, HTTPException
from fastapi.staticfiles import StaticFiles
from fastapi.templating import Jinja2Templates
from fastapi.responses import HTMLResponse
from fastapi import Request
from pydantic import BaseModel
from typing import List, Optional
import uuid
from datetime import datetime

app = FastAPI(title=" 简易笔记应用 ")
```

```
# 挂载静态文件
app.mount("/static", StaticFiles(directory="static"), name="static")

# 设置模板
templates = Jinja2Templates(directory="templates")

# 笔记模型
class Note(BaseModel):
    id: str
    title: str
    content: str
    created_at: str

# 创建笔记请求模型
class NoteCreate(BaseModel):
    title: str
    content: str

# 在内存中存储笔记
notes_db = []

@app.get("/", response_class=HTMLResponse)
async def read_root(request: Request):
    return templates.TemplateResponse("index.html", {"request":
request})

@app.get("/api/notes", response_model=List[Note])
async def get_notes():
    return notes_db

@app.get("/api/notes/{note_id}", response_model=Note)
async def get_note(note_id: str):
    for note in notes_db:
        if note.id == note_id:
            return note
    raise HTTPException(status_code=404, detail=" 笔记未找到 ")

@app.post("/api/notes", response_model=Note)
async def create_note(note: NoteCreate):
    new_note = Note(
        id=str(uuid.uuid4()),
        title=note.title,
        content=note.content,
        created_at=datetime.now().strftime("%Y-%m-%d %H:%M:%S")
    )
```

```
    notes_db.append(new_note)
    return new_note

@app.delete("/api/notes/{note_id}")
async def delete_note(note_id: str):
    for i, note in enumerate(notes_db):
        if note.id == note_id:
            notes_db.pop(i)
            return {"message": " 笔记已被删除 "}
    raise HTTPException(status_code=404, detail=" 未找到笔记 ")

if __name__ == "__main__":
    import uvicorn
    uvicorn.run(app, host="127.0.0.1", port=8000)
```

步骤5：生成HTML主页模板。

接着生成HTML主页模板，设计简洁且功能明确。页面分为4个主要区域：标题栏、笔记列表、笔记编辑器和笔记详情查看。顶部的标题栏展示应用名称，中间的主内容区域采用了分区设计，方便开发人员在不同的功能间进行切换。左侧的笔记列表区域显示所有已创建的笔记，中间的编辑区提供了标题和内容输入框，以及保存和新建按钮，右侧的详情区则用于查看笔记的完整内容，并提供删除和返回功能。页面引入了jQuery库以简化JavaScript操作，并链接了自定义的CSS样式和主JavaScript文件。这些外部文件负责实现页面的交互逻辑和美化。整体设计遵循直观性和易用性的原则，让开发人员能够轻松地管理自己的笔记。

示例代码如下。

```
#index.html#
<!DOCTYPE html>
<html lang="zh-CN">
<head>
    <meta charset="UTF-8">
    <meta name="viewport" content="width=device-width, initial-scale=1.0">
    <title> 简易笔记应用 </title>
    <link rel="stylesheet" href="/static/css/style.css">
    <script src="https://code.jquery.com/jquery-3.6.0.min.js"></script>
</head>
<body>
    <div class="container">
        <header>
            <h1> 简易笔记应用 </h1>
```

```
        </header>

        <div class="main-content">
            <div class="notes-list">
                <h2> 我的笔记 </h2>
                <div id="notes-container"></div>
            </div>

            <div class="note-editor">
                <h2 id="editor-title"> 创建新笔记 </h2>
                <form id="note-form">
                    <input type="hidden" id="note-id">
                    <div class="form-group">
                        <label for="title"> 标题 </label>
                        <input type="text" id="title" required>
                    </div>
                    <div class="form-group">
                        <label for="content"> 内容 </label>
                            <textarea id="content" rows="10" required></
textarea>
                    </div>
                    <div class="form-actions">
                            <button type="submit" id="save-btn"> 保存 </
button>
                             <button type="button" id="new-btn"> 新建 </
button>
                    </div>
                </form>
            </div>

            <div class="note-detail" id="note-detail">
                <h2 id="detail-title"></h2>
                <div class="note-meta">
                    <span id="detail-date"></span>
                </div>
                <div class="note-content" id="detail-content"></div>
                <div class="detail-actions">
                    <button id="delete-btn"> 删除 </button>
                    <button id="back-btn"> 返回 </button>
                </div>
            </div>
        </div>
    </div>

    <script src="/static/js/main.js"></script>
```

```
</body>
</html>
```

这份CSS样式表为简易笔记应用创建了一个现代、清爽的用户界面。它采用了响应式设计原则，确保应用在不同的设备上都能提供良好的用户体验。样式定义从基础的重置规则开始，设置了页面元素的默认边距和盒模型，接着定义了整体页面布局，使用柔和的灰色背景和白色内容区域形成对比。页面内容被分为3个主要区域：笔记列表、编辑器和详情查看，它们通过弹性布局并排排列，在小屏幕设备上则自动切换为垂直排列。各区域都有轻微的阴影和圆角，营造出卡片式的视觉效果。表单元素，如输入框和文本区域被精心设计，具有适当的内边距和边框。按钮采用了色彩编码系统：蓝色用于保存；红色用于删除；灰色用于次要操作，如返回和新建。当鼠标指针悬停在按钮上时，按钮会轻微变色，以提供视觉反馈。媒体查询确保了应用在手机等小屏幕设备上的良好表现，整体设计既美观又实用，让用户能够舒适地管理笔记。

示例代码如下。

```
#style.css#
* {
    margin: 0;
    padding: 0;
    box-sizing: border-box;
}

body {
    font-family: 'Microsoft YaHei', sans-serif;
    line-height: 1.6;
    color: #333;
    background-color: #f5f5f5;
}

.container {
    max-width: 1200px;
    margin: 0 auto;
    padding: 20px;
}

header {
    text-align: center;
    margin-bottom: 30px;
    padding: 20px 0;
```

```
    background-color: #fff;
    border-radius: 5px;
    box-shadow: 0 2px 5px rgba(0,0,0,0.1);
}

h1 {
    color: #2c3e50;
}

h2 {
    margin-bottom: 15px;
    color: #2c3e50;
}

.main-content {
    display: flex;
    flex-wrap: wrap;
    gap: 20px;
}

.notes-list {
    flex: 1;
    min-width: 300px;
    background-color: #fff;
    padding: 20px;
    border-radius: 5px;
    box-shadow: 0 2px 5px rgba(0,0,0,0.1);
}

.note-editor {
    flex: 2;
    min-width: 400px;
    background-color: #fff;
    padding: 20px;
    border-radius: 5px;
    box-shadow: 0 2px 5px rgba(0,0,0,0.1);
}

.note-detail {
    flex: 2;
    min-width: 400px;
    background-color: #fff;
    padding: 20px;
    border-radius: 5px;
    box-shadow: 0 2px 5px rgba(0,0,0,0.1);
```

```
    display: none;
}

.note-item {
    padding: 10px 15px;
    border-bottom: 1px solid #eee;
    cursor: pointer;
    transition: background-color 0.2s;
}

.note-item:hover {
    background-color: #f9f9f9;
}

.note-item h3 {
    margin-bottom: 5px;
    color: #3498db;
}

.note-item .date {
    font-size: 12px;
    color: #7f8c8d;
}

.form-group {
    margin-bottom: 15px;
}

label {
    display: block;
    margin-bottom: 5px;
    font-weight: bold;
}

input[type="text"], textarea {
    width: 100%;
    padding: 10px;
    border: 1px solid #ddd;
    border-radius: 4px;
    font-family: inherit;
    font-size: 16px;
}

textarea {
    resize: vertical;
```

```
}

button {
    padding: 10px 15px;
    background-color: #3498db;
    color: white;
    border: none;
    border-radius: 4px;
    cursor: pointer;
    font-size: 16px;
    margin-right: 10px;
}

button:hover {
    background-color: #2980b9;
}

.form-actions, .detail-actions {
    margin-top: 20px;
}

.note-meta {
    margin-bottom: 15px;
    color: #7f8c8d;
    font-size: 14px;
}

.note-content {
    line-height: 1.8;
    white-space: pre-wrap;
}

#delete-btn {
    background-color: #e74c3c;
}

#delete-btn:hover {
    background-color: #c0392b;
}

#back-btn, #new-btn {
    background-color: #7f8c8d;
}

#back-btn:hover, #new-btn:hover {
```

```
    background-color: #6c7a7d;
}

@media (max-width: 768px) {
    .main-content {
        flex-direction: column;
    }

    .notes-list, .note-editor, .note-detail {
        min-width: 100%;
    }
}
```

JavaScript代码部分，为简易笔记应用提供了所有核心交互功能。代码采用jQuery库简化DOM操作和异步JavaScript和可扩展标记语言（Extensible Markup Language，XML）请求。在页面加载完成后，首先调用loadNotes()函数从服务器获取所有笔记并显示在列表中。用户界面的所有按钮都配置了相应的事件处理器，包括表单提交、新建笔记、删除笔记和返回列表等操作。

笔记管理实现了完整的功能循环，开发人员可以通过表单创建新笔记，单击列表中的笔记项查看详情，在详情页面可以删除笔记。所有这些操作都通过AJAX（异步JavaScript和XML的缩写）请求与后端API通信，避免了页面刷新，从而提供了流畅的用户体验。

代码结构清晰，功能划分合理，包含错误处理和用户确认机制，在删除笔记前会显示确认对话框，防止误操作。表单重置功能确保开发人员能够方便地开始创建新笔记。界面状态管理通过显示/隐藏不同的区域，让开发人员能够在列表视图、编辑视图和详情视图之间自然切换。

示例代码如下。

```
#main.js#
$(document).ready(function() {
    // 初始状态
    loadNotes();

    // 表单提交事件
    $('#note-form').on('submit', function(e) {
        e.preventDefault();
        saveNote();
    });
```

```
// 新建笔记按钮
$('#new-btn').on('click', function() {
    resetForm();
});

// 删除笔记按钮
$('#delete-btn').on('click', function() {
    const noteId = $(this).data('id');
    deleteNote(noteId);
});

// 返回按钮
$('#back-btn').on('click', function() {
    $('.note-detail').hide();
    $('.notes-list, .note-editor').show();
});

// 加载所有笔记
function loadNotes() {
    $.ajax({
        url: '/api/notes',
        method: 'GET',
        success: function(data) {
            renderNotesList(data);
        },
        error: function(error) {
            alert('加载笔记失败： ' + error.responseJSON.detail);
        }
    });
}

// 渲染笔记列表
function renderNotesList(notes) {
    const container = $('#notes-container');
    container.empty();

    if (notes.length === 0) {
        container.html('<p>暂无笔记，请创建新笔记。</p>');
        return;
    }

    notes.forEach(function(note) {
```

```
        const noteElement = $(`
            <div class="note-item" data-id="${note.id}">
                <h3>${note.title}</h3>
                <div class="date">${note.created_at}</div>
            </div>
        `);

        noteElement.on('click', function() {
            viewNoteDetail(note.id);
        });

        container.append(noteElement);
    });
}

// 查看笔记详情
function viewNoteDetail(noteId) {
    $.ajax({
        url: `/api/notes/${noteId}`,
        method: 'GET',
        success: function(note) {
            $('#detail-title').text(note.title);
            $('#detail-date').text(note.created_at);
            $('#detail-content').text(note.content);
            $('#delete-btn').data('id', note.id);

            $('.notes-list, .note-editor').hide();
            $('.note-detail').show();
        },
        error: function(error) {
            alert(' 加载笔记详情失败 : ' + error.responseJSON.detail);
        }
    });
}

// 保存笔记
function saveNote() {
    const title = $('#title').val();
    const content = $('#content').val();

    if (!title || !content) {
        alert(' 标题和内容不能为空 ');
        return;
```

```
    }

    $.ajax({
        url: '/api/notes',
        method: 'POST',
        contentType: 'application/json',
        data: JSON.stringify({
            title: title,
            content: content
        }),
        success: function(data) {
            resetForm();
            loadNotes();
            alert('笔记保存成功！');
        },
        error: function(error) {
            alert('保存笔记失败：' + error.responseJSON.detail);
        }
    });
}

// 删除笔记
function deleteNote(noteId) {
    if (!confirm('确定要删除这个笔记吗？此操作不可撤销。')) {
        return;
    }

    $.ajax({
        url: `/api/notes/${noteId}`,
        method: 'DELETE',
        success: function(data) {
            $('.note-detail').hide();
            $('.notes-list, .note-editor').show();
            loadNotes();
            alert('笔记已删除！');
        },
        error: function(error) {
            alert('删除笔记失败：' + error.responseJSON.detail);
        }
    });
}

// 重置表单
```

```
    function resetForm() {
        $('#note-id').val('');
        $('#title').val('');
        $('#content').val('');
        $('#editor-title').text(' 创建新笔记 ');
    }
});
```

最后是Python项目需要的依赖项文件，列出了构建简易笔记应用后端所需的3个关键Python包及其特定版本，示例代码如下。

```
#requirements.txt#
fastapi==0.95.0
uvicorn==0.21.1
jinja2==3.1.2
```

为了顺利启动系统，还需要确保已经完成了以下准备工作：首先安装依赖，这条命令会读取名为“requirements.txt”的文件，并安装文件中列出的所有包及其指定版本。

```
pip install -r requirements.txt
```

其次，启动应用的后端服务。执行python main.py命令会运行项目的主程序文件，这个文件包含应用的入口点和服务器配置。

```
python main.py
```

执行上面这两条命令后，后端服务会开始运行，并会在控制台输出一些启动信息，例如服务器地址和端口。接着服务器会开始监听HTTP请求，前端页面就可以通过API与后端进行通信，完成后开发人员就可以开始创建、查看和管理他们的笔记了。

步骤6：测试验收。

打开浏览器，访问地址：http://127.0.0.1:8000，即可使用简易笔记应用系统，开始测试应用的各项功能，确保它们符合开发人员的预期。

首先是笔记创建功能，开发人员可以在界面右侧的编辑区域轻松地撰写笔记。在编辑区中，开发人员可以输入笔记的标题，随后在下方的文本框内填写详细内容（见图2-19）。完成笔记的撰写后，用户只需单击界面上的“保存”按钮，即可将笔记保存下来，以便日后查阅。单击“保存”按钮后，应用会弹出对话框，提示用户笔记已保存成功（见图2-20）。

图 2-19　输入笔记内容

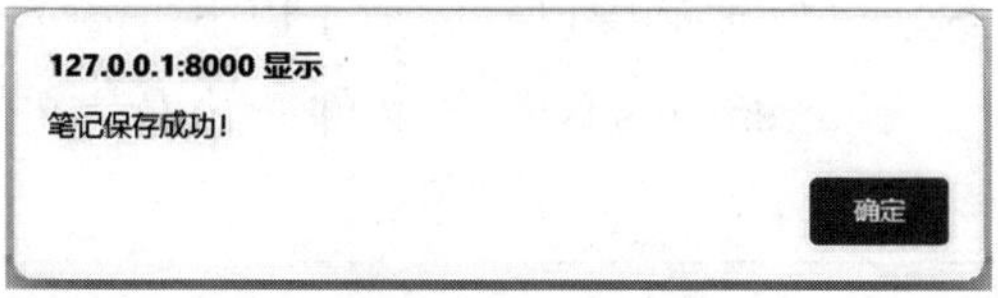

图 2-20　笔记保存成功

接下来，测试浏览笔记功能。通过查看左侧面板区域的笔记列表，用户可以方便地浏览和管理所有已经创建的笔记。这些笔记按照创建时间顺序排列（见图2-21），用户可以通过滚动来查看更早或更晚创建的笔记。每个笔记条目都简明扼要地展示标题和创建日期，方便用户快速识别和选择需要查看的笔记内容。

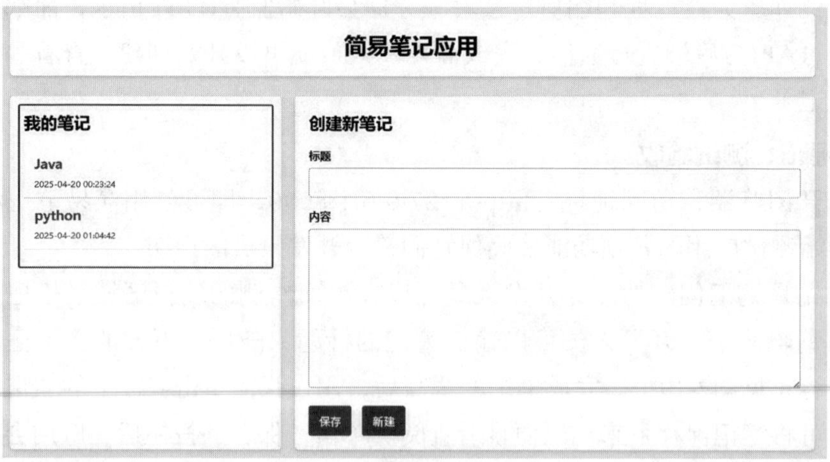

图 2-21　查看笔记列表

若需要深入了解笔记内容，单击左侧列表中感兴趣的笔记标题，即可查看该笔记的详细信息（见图2-22）。

图 2-22　查看笔记详情

下面测试删除笔记的功能。在笔记的详细信息页面，用户可以找到一个被标记为“删除”的按钮。单击这个按钮，系统会提示用户确认是否要永久移除该笔记。一旦用户确认，系统将删除该笔记，并无法恢复（见图2-23）。

下面介绍创建新的笔记条目功能。通过单击界面上的“新建”按钮，用户可以轻松地清空当前的表单内容，从而开始撰写和记录一个新的笔记条目。这个功能为用户提供了方便快捷的方式来保存新的信息或想法（见图2-24）。

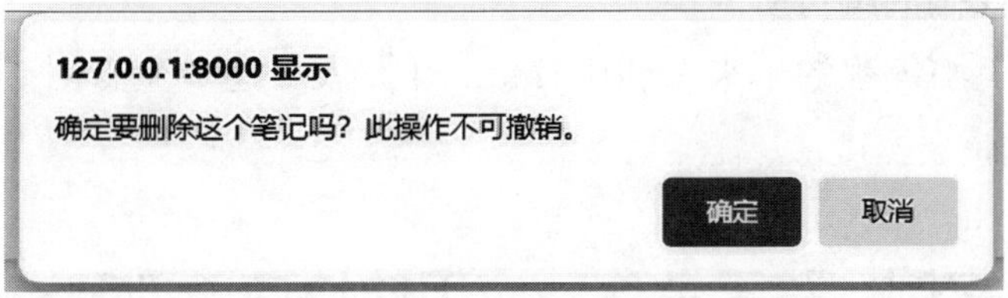

图 2-23　删除笔记

图 2-24　新建笔记

通过这些测试，可以确认这个简易笔记应用是否满足用户的需求，包括创建、查看和删除笔记的功能。界面简洁易用，响应式设计适配不同的屏幕尺寸。

这个案例清晰地展示了Trae作为AI编程工具的强大价值。在传统的开发流程中，从需求分析到代码实现，往往需要经历漫长的过程，涉及多次设计、编码和测试。而使用Trae，通过描述用户的需求和期望的功能，它就能快速生成高质量的代码，大大缩短了从想法到实现的时间。

在笔记应用案例中，Trae不仅生成了符合最佳实践的代码，还考虑到了许多细节，如响应式设计、错误处理、用户友好的提示等。这些细节在实际应用中非常重要，但在手动编码时容易被忽略，或者需要花费大量时间来实现。

对初学者来说，Trae提供的代码也是很好的学习资源。通过研究Trae生成的代码，初学者可以了解如何组织项目结构，如何实现前后端交互，如何处理用户输入和错误情况等。这些知识对于掌握全栈开发至关重要。

当然，Trae生成的代码并不一定完美，可能需要根据具体需求进行一些调整和优化。但它提供了一个坚实的起点，让开发人员可以专注于更高层次的问题，而不是被基础代码的编写所困扰。

Trae代表了AI编程的未来，利用Trae，开发人员能专注于创新和解决难题，减轻编码负担。

2.6 实战案例：跨平台移动应用的快速原型开发

接下来通过一个具体的实例，展示如何利用AI辅助工具快速开发跨平台移动应用的原型。使用HTML、CSS和jQuery构建一个简单但功能完整的个人记账本应用。即使没有编程基础，按照以下步骤操作，也能理解并完成开发任务。

步骤1：明确项目需求。

首先，需要明确项目的需求和功能范围。对于示例项目“个人记账本”，我们希望它是一个能够帮助用户管理日常财务的工具。该应用不仅可以记录收入和支出，还能对这些数据进行分类管理。它不仅能够满足用户随时随地记录财务状况的需求，还能帮助用户养成良好的财务习惯。

步骤2：在用友开发端创建项目。

接下来进入用友开发端，选择“创建项目”，填写应用名称和应用描述，选择“空白模板”，这样一个移动端的文件框架就创建完毕了（见图2-25）。

在技术选型上，使用传统、稳定的HTML+CSS+JQuery组合作为前端技术栈。有了这些基本规划，就可以开始使用Trae辅助开发了。

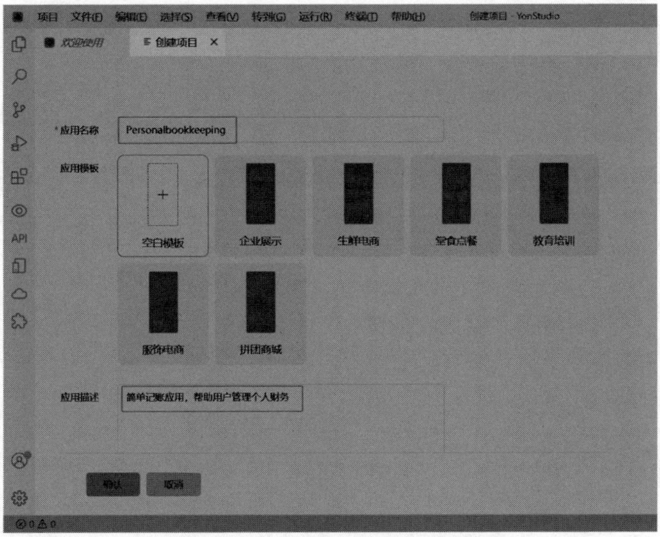

图 2-25　创建移动端文件框架

步骤3：用Trae进行编译。

首先打开 Trae 工具，会看到编译界面。在界面中找到“打开文件夹”按钮，单击它（见图 2-26）。在弹出的对话框中，选择刚刚创建好的文件夹 Personalbook-keeping（见图 2-27）。

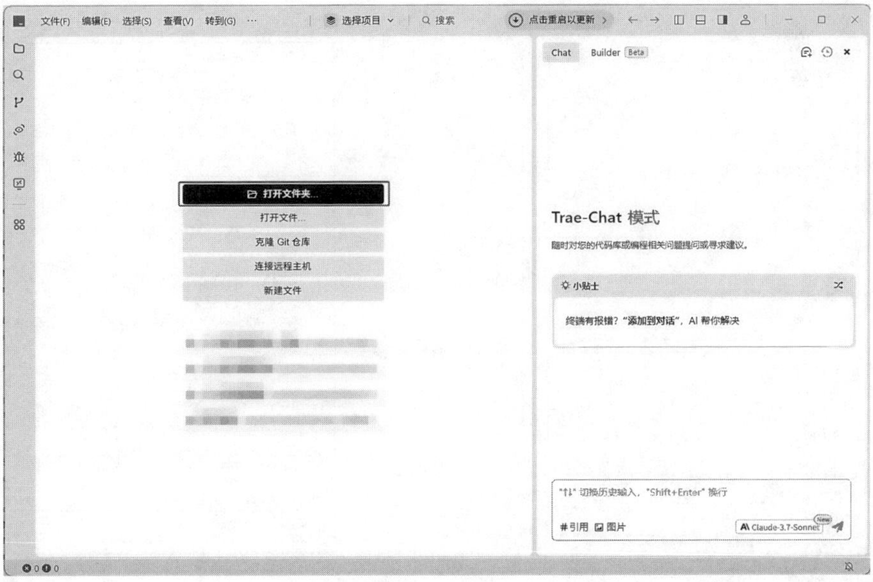

图 2-26　单击“打开文件夹”按钮

图 2-27　选择项目文件夹

步骤4：描述应用功能。

接下来进入相应的界面后，会看到一个文本输入区域，这是Trae最强大的部分之一，开发人员可以用自然语言描述自己想要构建的应用（见图2-28）。在这里详细描述项目需求，包括功能要求和技术栈要求。

图 2-28　输入项目描述

在Trae的项目描述框中，输入如下内容。

> 根据现有文件结构，开发一个“个人记账本”跨平台移动应用原型，具有以下功能。
>
> - 记录收入和支出。
> - 分类管理（如食品、交通、娱乐等）。
> - 查看收支明细。
> - 显示总收入、总支出和结余。
> - 响应式设计，适应不同的屏幕尺寸。
> - 技术栈使用：HTML+CSS+JQ。

提交需求后，Trae会分析描述，开始生成项目代码。这个过程可能需要几秒到几分钟，具体时间取决于项目的复杂程度。随着时间的推移，能够看到Trae量身定制的代码逐渐成形。当代码生成完成后，在代码框的右上角找到并单击“应用”按钮。通过这个操作，Trae能够自动地将代码变更应用到指定的文件夹（见图2-29）。

图 2-29　应用代码

步骤5：Trae自动生成功能代码。

Trae首先在Personalbookkeeping这个个人记账系统文件夹内设置3个子文件夹，分别是用来存放网页样式的css文件夹、存放交互功能代码的js文件夹，以及存放图片素材的img文件夹。这样的结构安排使得项目文件井然有序，就像是把衣服、书籍和电器分别放在不同的抽屉里，方便日后查找和管理各类文件，也让整个项目维护起来更加轻松，符合专业网页开发的标准做法，为个人记账系统搭建了一个结构清晰的基础框架。

```
mkdir -p c:\***\Personalbookkeeping\css
mkdir -p c:\***\Personalbookkeeping\js
mkdir -p c:\***\Personalbookkeeping\img
```

接着生成HTML主页模板，整体布局直观且功能完整。页面顶部是醒目的“个人记账本”标题，紧接着是一个简洁的财务概览区域，清晰地展示了总收入、总支出和结余3项关键财务数据，让用户一目了然地掌握自己的财务状况。中间部分是一个完整的交易记录表单，用户可以在这里添加新的收支记录，表单设计合理，包含金额、描述、分类、日期和交易类型等必要字段，分类选项涵盖了日常生活中常见的收支类别，如食品、交通、工资等，满足了基本的记账需求。页面底部是交易记录展示区，配有实用的筛选功能，允许用户按收入/支出类型和具体消费分类进行筛选，方便用户查看和管理自己的交易历史。整个界面结构清晰，操作逻辑简单，适合日常使用，是一个实用性强且用户友好的个人财务管理工具。

示例代码如下。

```
#index.html#
<!DOCTYPE html> <!-- 文档类型声明，指定 HTML5 文档 -->
<html lang="zh-CN"> <!-- HTML 根元素，设置页面语言为中文 -->
<head>
    <meta charset="UTF-8"> <!-- 设置字符编码为 UTF-8，支持中文显示 -->
    <meta name="viewport" content="width=device-width, initial-scale=1.0"> <!-- 响应式设计，确保在移动设备上正确显示 -->
    <title>个人记账本</title> <!-- 页面标题，显示在浏览器标签页上 -->
    <link rel="stylesheet" href="css/style.css"> <!-- 链接自定义 CSS 样式表 -->
    <link rel="stylesheet" href="https://cdnjs.cloudflare.com/ajax/libs/font-awesome/5.15.3/css/all.min.css"> <!-- 导入 Font Awesome 图标库 -->
</head>
<body>
```

```
    <div class="container"> <!-- 主容器，包含所有页面内容 -->
        <header>
            <h1> 个人记账本 </h1> <!-- 页面标题 -->
        </header>

        <div class="summary"> <!-- 财务概览区域，显示收入、支出和结余 -->
            <div class="summary-item">
                <h3> 总收入 </h3>
                <p id="total-income">¥0.00</p> <!-- 总收入显示区域，初始值
为 0 -->
            </div>
            <div class="summary-item">
                <h3> 总支出 </h3>
                <p id="total-expense">¥0.00</p> <!-- 总支出显示区域，初始
值为 0 -->
            </div>
            <div class="summary-item">
                <h3> 结余 </h3>
                <p id="balance">¥0.00</p> <!-- 结余显示区域，初始值为 0 -->
            </div>
        </div>

        <div class="add-transaction"> <!-- 添加新交易记录的表单区域 -->
            <h2> 添加新记录 </h2>
            <form id="transaction-form"> <!-- 交易记录表单，用于收集用户输
入的数据 -->
                <div class="form-group">
                    <label for="amount"> 金额 </label>
                        <input type="number" id="amount" step="0.01"
required> <!-- 金额输入框，要求输入数字，可精确到分 -->
                </div>

                <div class="form-group">
                    <label for="description"> 描述 </label>
                        <input type="text" id="description" required> <!--
交易描述输入框，必填字段 -->
                </div>

                <div class="form-group">
                    <label for="category"> 分类 </label>
                    <select id="category" required> <!-- 交易分类下拉列表
框 -->
                        <option value="">-- 选择分类 --</option> <!-- 默
认选项 -->
                        <option value=" 食品 "> 食品 </option> <!-- 支出类
别选项 -->
```

```
                    <option value=" 交通 "> 交通 </option>
                    <option value=" 娱乐 "> 娱乐 </option>
                    <option value=" 购物 "> 购物 </option>
                    <option value=" 住房 "> 住房 </option>
                    <option value=" 医疗 "> 医疗 </option>
                    <option value=" 教育 "> 教育 </option>
                     <option value=" 工资 "> 工资 </option> <!-- 收入类
别选项 -->
                    <option value=" 奖金 "> 奖金 </option>
                    <option value=" 投资 "> 投资 </option>
                    <option value=" 其他收入 "> 其他收入 </option>
                    <option value=" 其他支出 "> 其他支出 </option>
                </select>
            </div>

            <div class="form-group">
                <label for="date"> 日期 </label>
                 <input type="date" id="date" required> <!-- 交易日期
选择器 -->
            </div>

            <div class="form-group">
                <label> 类型 </label>
                <div class="radio-group"> <!-- 交易类型单选按钮组 -->
                        <input type="radio" id="income" name="type"
value="income" required>
                      <label for="income"> 收入 </label> <!-- 收入选项
-->

                        <input type="radio" id="expense" name="type"
value="expense" required>
                     <label for="expense"> 支出 </label> <!-- 支出选项
-->
                </div>
            </div>

            <button type="submit" class="btn"> 添加记录 </button> <!--
提交表单按钮 -->
        </form>
    </div>

    <div class="transactions"> <!-- 交易记录显示区域 -->
        <h2> 交易记录 </h2>
        <div class="filter"> <!-- 交易记录筛选工具 -->
            <label for="filter-type"> 筛选：</label>
```

```
            <select id="filter-type"> <!-- 按交易类型筛选下拉列表框 -->
                <option value="all"> 全部 </option>
                <option value="income"> 仅收入 </option>
                <option value="expense"> 仅支出 </option>
            </select>

            <select id="filter-category"> <!-- 按交易分类筛选下拉列表框 -->
                <option value="all"> 所有分类 </option>
                <option value=" 食品 "> 食品 </option>
                <option value=" 交通 "> 交通 </option>
                <option value=" 娱乐 "> 娱乐 </option>
                <option value=" 购物 "> 购物 </option>
                <option value=" 住房 "> 住房 </option>
                <option value=" 医疗 "> 医疗 </option>
                <option value=" 教育 "> 教育 </option>
                <option value=" 工资 "> 工资 </option>
                <option value=" 奖金 "> 奖金 </option>
                <option value=" 投资 "> 投资 </option>
                <option value=" 其他收入 "> 其他收入 </option>
                <option value=" 其他支出 "> 其他支出 </option>
            </select>
        </div>

        <ul id="transaction-list" class="transaction-list">
             <!-- 交易记录将通过 JavaScript 动态添加 --> <!-- 空列表，用
于通过 JavaScript 动态添加交易记录 -->
        </ul>
    </div>
  </div>

   <script src="https://code.jquery.com/jquery-3.6.0.min.js"></script>
<!-- 导入 jQuery 库，简化 DOM 操作 -->
  <script src="js/app.js"></script> <!-- 导入自定义 JavaScript 文件，包含
应用逻辑 -->
</body>
</html>
```

接下来使用CSS样式定义应用的外观，整体采用清新简约的风格，营造出专业且易用的财务管理界面。页面使用柔和的灰白配色作为基调，重点内容区域采用白色背景和轻微的阴影效果，形成清晰的视觉层次感。顶部标题以深蓝色边框点缀，显得庄重而不失活力。财务摘要区域采用卡片式设计，收入用绿色显示；支出用红色显示；余额用蓝色显示，这种直观的色彩编码让用户能立即识别财务

状况。

表单区域布局合理，输入框尺寸适中，按钮采用明亮的蓝色，提供了良好的视觉引导。交易记录列表设计简洁有序，每条记录包含日期、描述、分类和金额信息，收支金额同样使用绿色和红色的对比色彩，便于区分。整个页面还采用了全面的响应式设计，确保在手机和平板等各种尺寸的屏幕上都能提供良好的用户体验，无论是信息展示还是操作交互都经过了精心优化，创造出一个既美观又实用的个人财务管理工具。

示例代码如下。

```
/* 基础样式 style.css */
* {
    margin: 0;           /* 移除所有元素的默认外边距 */
    padding: 0;          /* 移除所有元素的默认内边距 */
    box-sizing: border-box;  /* 使元素的宽度和高度包含 padding 和 border */
}

body {
     font-family: 'Helvetica Neue', Arial, sans-serif;  /* 设置页面主字体
*/
    background-color: #f5f5f5;  /* 设置浅灰色背景 */
    color: #333;                /* 设置深灰色文字颜色 */
    line-height: 1.6;           /* 设置行高，增加文本可读性 */
}

.container {
    max-width: 800px;    /* 设置最大宽度，确保在大屏幕上不会过宽 */
    margin: 0 auto;      /* 容器居中 */
    padding: 20px;       /* 容器内边距 */
}

header {
    text-align: center;   /* 标题居中 */
    margin-bottom: 30px;  /* 与下方内容的间距 */
}

header h1 {
    color: #2c3e50;       /* 标题颜色为深蓝灰色 */
    font-size: 2rem;      /* 标题字体大小 */
    padding: 10px 0;      /* 标题上下内边距 */
    border-bottom: 2px solid #3498db;  /* 添加蓝色底边框，增强视觉效果 */
}
```

```
h2 {
    color: #2c3e50;         /* 副标题颜色与 h1 一致 */
    margin-bottom: 15px;   /* 与下方内容的间距 */
    padding-bottom: 5px;   /* 底部内边距 */
    border-bottom: 1px solid #ddd;  /* 添加淡灰色底边框，区分内容板块 */
}

/* 摘要区域 */
.summary {
    display: flex;                    /* 使用弹性布局 */
    justify-content: space-between;   /* 均匀布局子元素 */
    margin-bottom: 30px;              /* 与下方内容的间距 */
    flex-wrap: wrap;                  /* 在小屏幕上允许换行 */
}

.summary-item {
    flex: 1;                          /* 弹性增长，使各项平均分配空间 */
    min-width: 150px;                 /* 最小宽度，防止过窄 */
    background-color: white;          /* 白色背景 */
    padding: 15px;                    /* 内边距 */
    border-radius: 8px;               /* 圆角边框 */
    box-shadow: 0 2px 5px rgba(0, 0, 0, 0.1);  /* 添加轻微阴影，增强立体感
*/
    margin: 5px;                      /* 项目间边距 */
    text-align: center;               /* 内容居中 */
}

.summary-item h3 {
    font-size: 1rem;                  /* 标题字体大小 */
    margin-bottom: 10px;              /* 与下方数字的间距 */
    color: #7f8c8d;                   /* 标题颜色为灰色 */
}

.summary-item p {
    font-size: 1.5rem;                /* 数字字体大小 */
    font-weight: bold;                /* 加粗显示 */
}

#total-income {
    color: #27ae60;                   /* 收入显示为绿色 */
}

#total-expense {
    color: #e74c3c;                   /* 支出显示为红色 */
}
```

```
#balance {
    color: #3498db;                /* 结余显示为蓝色 */
}

/* 表单样式 */
.add-transaction {
    background-color: white;       /* 白色背景 */
    padding: 20px;                 /* 内边距 */
    border-radius: 8px;            /* 圆角边框 */
    box-shadow: 0 2px 5px rgba(0, 0, 0, 0.1);  /* 添加轻微阴影 */
    margin-bottom: 30px;           /* 与下方内容的间距 */
}

.form-group {
    margin-bottom: 15px;           /* 表单元素之间的间距 */
}

label {
    display: block;                /* 标签独占一行 */
    margin-bottom: 5px;            /* 与输入框的间距 */
    font-weight: 600;              /* 标签文字加粗 */
}

input, select {
    width: 100%;                   /* 输入框占满容器 */
    padding: 10px;                 /* 内边距 */
    border: 1px solid #ddd;        /* 浅灰色边框 */
    border-radius: 4px;            /* 圆角边框 */
    font-size: 1rem;               /* 字体大小 */
}

.radio-group {
    display: flex;                /* 使用弹性布局 */
    gap: 20px;                     /* 单选按钮之间的间距 */
}

.radio-group input {
    width: auto;                   /* 取消 100% 宽度设置 */
    margin-right: 5px;             /* 与标签的间距 */
}

.radio-group label {
    display: inline;               /* 标签内联显示 */
    font-weight: normal;           /* 取消加粗 */
```

```
}

.btn {
    background-color: #3498db;    /* 按钮背景色为蓝色 */
    color: white;                 /* 按钮文字颜色为白色 */
    border: none;                 /* 移除边框 */
    padding: 12px 20px;           /* 按钮内边距 */
    border-radius: 4px;           /* 圆角边框 */
    cursor: pointer;              /* 鼠标变为手型 */
    font-size: 1rem;              /* 字体大小 */
    width: 100%;                  /* 按钮宽度占满容器 */
    transition: background-color 0.3s;  /* 背景色变化过渡效果 */
}

.btn:hover {
    background-color: #2980b9;    /* 鼠标指针悬停于其上时的背景色深蓝色 */
}

/* 交易记录列表 */
.transactions {
    background-color: white;      /* 白色背景 */
    padding: 20px;                /* 内边距 */
    border-radius: 8px;           /* 圆角边框 */
    box-shadow: 0 2px 5px rgba(0, 0, 0, 0.1);  /* 添加轻微阴影 */
}

.filter {
    margin-bottom: 15px;          /* 与列表的间距 */
    display: flex;                /* 使用弹性布局 */
    align-items: center;          /* 垂直居中对齐 */
    flex-wrap: wrap;              /* 在小屏幕上允许换行 */
    gap: 10px;                    /* 筛选器元素之间的间距 */
}

.filter select {
    width: auto;                  /* 取消 100% 宽度设置 */
    padding: 8px;                 /* 内边距 */
}

.transaction-list {
    list-style: none;             /* 移除列表默认样式 */
}

.transaction-item {
    display: flex;                /* 使用弹性布局 */
```

```
    justify-content: space-between;  /* 两端对齐 */
    align-items: center;            /* 垂直居中对齐 */
    padding: 15px 0;                /* 上下内边距 */
    border-bottom: 1px solid #eee;  /* 底部边框，分隔各条记录 */
}

.transaction-info {
    flex: 1;                        /* 信息区域占据剩余空间 */
}

.transaction-date {
    color: #7f8c8d;                 /* 日期颜色为灰色 */
    font-size: 0.8rem;              /* 日期字体较小 */
    margin-bottom: 5px;             /* 与描述的间距 */
}

.transaction-description {
    font-weight: 600;               /* 描述文字加粗 */
}

.transaction-category {
    display: inline-block;          /* 内联块级显示 */
    background-color: #ecf0f1;      /* 背景色为极浅灰色 */
    padding: 3px 8px;               /* 内边距 */
    border-radius: 12px;            /* 圆角边框，形成标签效果 */
    font-size: 0.8rem;              /* 字体较小 */
    margin-top: 5px;                /* 与描述的间距 */
}

.transaction-amount {
    font-weight: bold;              /* 金额加粗显示 */
    font-size: 1.1rem;              /* 金额字体稍大 */
}

.income {
    color: #27ae60;                 /* 收入颜色为绿色 */
}

.expense {
    color: #e74c3c;                 /* 支出颜色为红色 */
}

.delete-btn {
    background: none;               /* 移除按钮背景 */
    border: none;                   /* 移除按钮边框 */
```

```
    color: #e74c3c;                  /* 按钮颜色为红色 */
    cursor: pointer;                 /* 鼠标变为手形 */
    font-size: 1.2rem;               /* 按钮字体大小 */
    margin-left: 10px;               /* 与金额的间距 */
}

/* 响应式设计 */
@media (max-width: 768px) {          /* 中等屏幕（平板）媒体查询 */
    .summary {
        flex-direction: column;      /* 摘要项垂直排列 */
    }

    .summary-item {
        margin-bottom: 10px;         /* 项目之间的间距 */
    }

    .radio-group {
        flex-direction: column;    /* 单选按钮垂直排列 */
        gap: 5px;                    /* 按钮之间的间距 */
    }
}

@media (max-width: 480px) {          /* 小屏幕（手机）媒体查询 */
    .container {
        padding: 10px;               /* 减少容器内边距 */
    }

    header h1 {
        font-size: 1.5rem;           /* 减小标题字体大小 */
    }

    .summary-item p {
        font-size: 1.2rem;           /* 减小摘要数字字体大小 */
    }

    .btn {
        padding: 10px;               /* 减少按钮内边距 */
    }
}
```

最后，JavaScript部分提供了全面的功能实现，构建了一个完整的本地财务管理系统。在加载页面时，代码首先检查浏览器本地存储中是否有交易记录数据，若没有，则创建一个空数组，并自动将当前日期设置为表单的默认日期值。

整个应用支持添加新的收支记录，包括金额、描述、分类、日期和交易类型等关键信息。同时提供了删除现有记录功能。还实现了按交易类型和分类进行筛选的功能，帮助用户更好地管理和查看自己的财务数据。

交易记录按时间倒序排列，最新的记录显示在最前面，每条记录清晰地展示了日期、描述、分类和金额信息，收入和支出分别用绿色和红色显示，并添加了相应的“+”和“-”符号，直观明了。应用会实时计算并更新总收入、总支出和结余金额，让用户随时了解自己的财务状况。所有数据都保存在浏览器的本地存储中，即使关闭页面或重启浏览器，用户的记账数据也不会丢失，这提供了便捷且私密的个人财务管理体验。

示例代码如下。

```
#app.js#
$(document).ready(function() {
    // 初始化本地存储
    if (!localStorage.getItem('transactions')) {
        localStorage.setItem('transactions', JSON.stringify([]));
    }

    // 设置今天的日期为默认值
    const today = new Date().toISOString().split('T')[0];
    $('#date').val(today);

    // 加载并显示交易记录
    loadTransactions();
    updateSummary();

    // 添加新交易记录
    $('#transaction-form').on('submit', function(e) {
        e.preventDefault();

        const amount = parseFloat($('#amount').val());
        const description = $('#description').val();
        const category = $('#category').val();
        const date = $('#date').val();
        const type = $('input[name="type"]:checked').val();

        if (!amount || !description || !category || !date || !type) {
            alert('请填写所有字段');
            return;
        }

        const transaction = {
```

```
            id: Date.now(),
            amount: amount,
            description: description,
            category: category,
            date: date,
            type: type
        };

        addTransaction(transaction);

        // 重置表单
        $('#transaction-form')[0].reset();
        $('#date').val(today);
    });

    // 删除交易记录
    $('#transaction-list').on('click', '.delete-btn', function() {
        const id = $(this).data('id');
        deleteTransaction(id);
    });

    // 筛选交易记录
    $('#filter-type, #filter-category').on('change', function() {
        loadTransactions();
    });
});

// 加载交易记录
function loadTransactions() {
    const transactions = JSON.parse(localStorage.getItem('transactions'));
    const filterType = $('#filter-type').val();
    const filterCategory = $('#filter-category').val();

    let filteredTransactions = transactions;

    // 应用类型筛选
    if (filterType !== 'all') {
         filteredTransactions = filteredTransactions.filter(t => t.type ===
filterType);
    }

    // 应用分类筛选
    if (filterCategory !== 'all') {
         filteredTransactions = filteredTransactions.filter(t => t.category
=== filterCategory);
    }
```

```
    // 按日期排序（最新的在前）
    filteredTransactions.sort((a, b) => new Date(b.date) - new Date(a.date));

    const $transactionList = $('#transaction-list');
    $transactionList.empty();

    if (filteredTransactions.length === 0) {
        $transactionList.append('<li class="transaction-item">没有交易记录</li>');
        return;
    }

    filteredTransactions.forEach(transaction => {
        const formattedDate = formatDate(transaction.date);
        const amountClass = transaction.type === 'income' ? 'income' : 'expense';
        const amountPrefix = transaction.type === 'income' ? '+' : '-';

        const $item = $(`
            <li class="transaction-item">
                <div class="transaction-info">
                    <div class="transaction-date">${formattedDate}</div>
                    <div class="transaction-description">${transaction.description}</div>
                    <span class="transaction-category">${transaction.category}</span>
                </div>
                <div class="transaction-amount ${amountClass}">
                    ${amountPrefix}¥${transaction.amount.toFixed(2)}
                </div>
                <button class="delete-btn" data-id="${transaction.id}">
                    <i class="fas fa-trash"></i>
                </button>
            </li>
        `);

        $transactionList.append($item);
    });
}

// 添加交易记录
function addTransaction(transaction) {
    const transactions = JSON.parse(localStorage.getItem('transactions'));
    transactions.push(transaction);
    localStorage.setItem('transactions', JSON.stringify(transactions));
```

```
    loadTransactions();
    updateSummary();
}

// 删除交易记录
function deleteTransaction(id) {
    const transactions = JSON.parse(localStorage.getItem('transactions'));
    const updatedTransactions = transactions.filter(t => t.id !== id);
    localStorage.setItem('transactions', JSON.stringify(updatedTransacti
ons));

    loadTransactions();
    updateSummary();
}

// 更新摘要信息
function updateSummary() {
    const transactions = JSON.parse(localStorage.getItem('transactions'));

    let totalIncome = 0;
    let totalExpense = 0;

    transactions.forEach(transaction => {
        if (transaction.type === 'income') {
            totalIncome += transaction.amount;
        } else {
            totalExpense += transaction.amount;
        }
    });

    const balance = totalIncome - totalExpense;

    $('#total-income').text(`¥${totalIncome.toFixed(2)}`);
    $('#total-expense').text(`¥${totalExpense.toFixed(2)}`);
    $('#balance').text(`¥${balance.toFixed(2)}`);
}

// 格式化日期
function formatDate(dateString) {
    const options = { year: 'numeric', month: 'long', day: 'numeric' };
    return new Date(dateString).toLocaleDateString('zh-CN', options);
}
```

步骤6：测试验收。

应用代码编写完成后，测试和调试是确保应用质量的关键步骤。首先，在浏览器中打开index.html文件，检查应用是否能够正常加载和显示。

随后，测试记录收入和支出功能，用户可以开始记录自己的收入和支出情况。通过界面，用户能够添加详细的收入和支出记录，这些记录不仅包括金额的具体数值，还允许用户输入相关的描述信息，以便于日后回顾和分析（见图 2-30）。此外，用户还可以为每笔记录指定一个分类标签，例如“餐饮”“交通”“娱乐”等，这有助于用户更好地管理自己的财务状况（见图 2-31）。当然，每条记录都会被标记上准确的日期，确保用户能够追踪到每笔资金流动的具体时间点。

图 2-30　记录收入和支出

图 2-31　分类标签

接着测试查看收支明细功能。系统会将所有的交易记录按照时间先后顺序进行排列，确保最新的交易记录总是出现在列表的最前面（见图2-32）。

然后测试筛选功能，通过本功能，用户能够轻松地根据交易的性质进行分类筛选。具体来说，用户可以按照交易类型（收入或支出）（见图2-33和图2-34），以及不同的分类标准（见图2-35）整理和查看交易记录。

图 2-32　查看收支明细

图 2-33 筛选功能（1）

图 2-34 筛选功能（2）

图 2-35 筛选功能（3）

测试显示总收入、总支出和结余功能，在页面顶部清晰地展示总收入、总支出及最终的结余情况，以便用户可以一目了然地了解自己的财务状况（见图 2-36）。

图 2-36　数据展示

接下来是测试删除功能。在这个过程中，用户需要在列表中选择一条特定的记录，然后单击与之关联的删除按钮（见图2-37）。一旦执行了删除操作，用户应该能够观察到该条记录已经从列表中彻底消失，从而验证删除功能是否正常工作。

图 2-37　删除记录

本应用具备本地存储功能，所有任务数据都会被安全地保存在浏览器的本地存储中。这意味着，即使用户刷新页面或者关闭浏览器后重新打开，之前录入的任务数据依然会被保留，不会出现丢失的情况。

最后测试应用的响应式设计，通过调整浏览器窗口大小或使用浏览器的设备模拟功能来模拟不同的屏幕尺寸。在窄屏（手机）模式下，需要检查以下几点：摘要卡片是否上下排列而非并排；表单输入是否占满屏幕宽度；交易列表和图表是否适应屏幕宽度；所有文本是否清晰可读，没有被截断。

步骤7：发布上线。

回到用友开发端，导入文件夹Personalbookkeeping，选择“移动打包”选项（见图2-38），接着填写应用名称、应用类别、平台和类型等详细信息，之后单击下方的“开始打包”按钮，启动编译过程（见图2-39）。编译结束后，扫描二维码即可安装该应用。

图 2-38　移动打包（1）

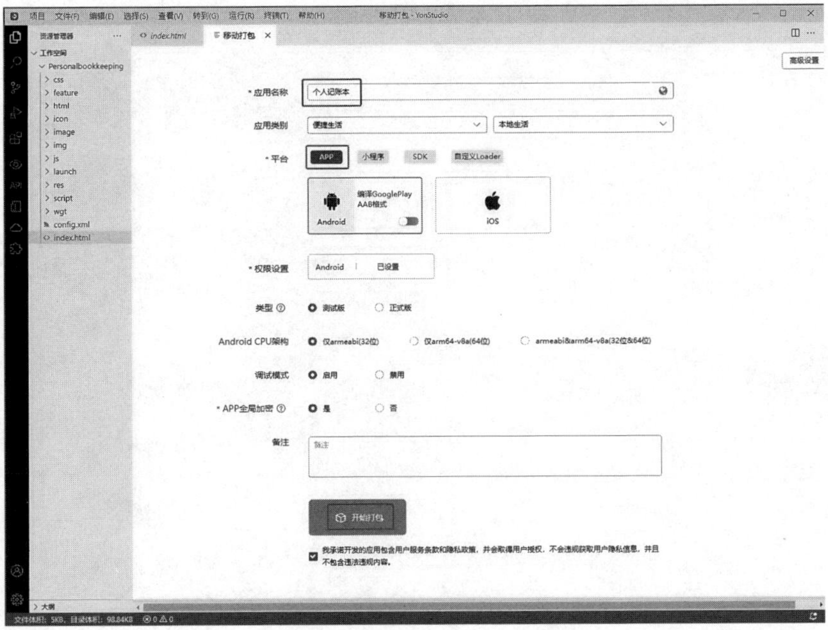

图 2-39　移动打包（2）

本案例成功使用HTML、CSS和jQuery等Web技术，快速开发了一个功能完备的“个人记账本”应用原型。这个过程展示了现代Web技术在移动应用开发中的强大潜力，以及快速原型开发的高效率。

这种开发方式的最大优势在于其简单性和速度。不需要学习复杂的原生移动开发技术，使用熟悉的Web技术就能构建出功能丰富的应用原型。此外，一套代码可以适配多种平台和设备，大大减少了开发和维护的工作量。

AI辅助开发不是来抢传统编程饭碗的，它只是给人们带来了一种全新的学习和开发体验。研究一下AI搞出来的代码，能够学到不少编程的门道。例如，怎么利用代码搭架子、哪些设计模式是“常客”、哪些做法是业界的“黄金标准”。

全栈代码生成技术已经彻底变革了软件开发流程。Trae等AI工具将复杂的编程工作简化为需求描述，随后自动生成前端界面、后端逻辑、数据模型和API接口。这项技术不仅大幅缩短了从构思到实现的时间，还显著降低了技术门槛，使更多的人能参与软件创新。开发人员的角色正在发生变化，从反复编写样板代码的执行者，转向业务需求分析和体验设计的策略者。当然，理解生成代码、优化性能和确保安全仍然至关重要。全栈代码生成并非取代程序员，而是为创造性工作腾出更多空间，让技术创新与商业价值实现的速度达到前所未有的高度。软件开发的未来，属于掌握AI协作工具的创新者。

第 3 章

CodeWhisperer 边写边查漏洞，AI 让代码更安全

3.1 程序员最容易踩的安全漏洞

写代码就像盖房子，如果地基不牢或者结构有漏洞，整栋楼都可能出问题。在软件世界中，这些“漏洞”常常会导致系统被黑客攻击、用户数据被泄露，甚至造成严重的经济损失。即使是经验丰富的程序员也会不小心犯错，因为安全隐患往往藏在细节中，不易被发现。

最常见的安全漏洞（见图3-1和图3-2）之一是SQL注入攻击。这就像餐厅服务员为你下菜单时，不小心把你的话当成了更改厨房制作流程的指令。例如，一个简单的网站搜索功能，如果程序直接把用户输入的内容拼接到数据库查询语句中，黑客就可能通过输入特殊字符来修改原本的查询意图，从而获取或删除数据库中的敏感信息。某大型零售商曾因此类漏洞导致上百万客户的支付信息被盗，造成巨大损失。正确的做法是使用参数化查询，就像让服务员只能按照菜单上的选项点餐，而不能随意更改厨房的烹饪流程。

跨站脚本攻击（Cross-Site Scripting，XSS）是另一种广泛存在的安全隐患。这相当于黑客在公告板上贴了一张看似普通但实际上带有陷阱的告示。当网站没有正确过滤用户输入的内容时，黑客可以注入恶意JavaScript代码，这些代码会在其他用户浏览网页时自动执行，从而窃取用户的cookie、会话信息或引导用户访问钓鱼网站。一位小型教育网站的开发人员曾经忽略了留言板的输入验证，结果第二天发现所有访问网站的用户都被自动定向到了一个假冒的登录页面，导致大量账号被盗。为了预防这类攻击，开发人员需要对所有用户输入进行严格过滤，确保展示在网页上的内容不包含可执行的脚本代码。

不安全的密码存储是许多数据泄露事件的根本原因。有些开发人员为了方便，直接以明文的形式存储用户密码，这就像把家门钥匙挂在门外一样危险。即使稍微注意的开发人员可能会使用简单的哈希算法，但没有“加盐”或使用了弱哈希算法，同样容易被破解。某知名社交平台曾因密码存储不当，导致数亿用户的密码被泄露，尽管这些密码经过了哈希处理，但黑客仍能通过彩虹表快速破解大部分密码。安全的做法是使用专门设计的密码哈希算法，如bcrypt、Argon2，并为每个密码添加随机的“盐”值，以提高破解难度。

身份认证和会话管理中的缺陷也是常见的问题。很多程序员实现的登录系统看似正常，但细节上存在问题。例如，会话标识符直接暴露在URL中，没有正确设置cookie的安全属性，或者没有实施账号锁定机制来防止暴力破解。某在线购物平台曾出现会话固定攻击漏洞，黑客通过诱导用户单击特制链接，能够劫持用户的购物会话，进而使用受害者的支付信息下单。正确处理会话管理需要使用安全的随机会话标识符，设置适当的cookie安全属性，并实现合理的会话过期和账号保护机制。

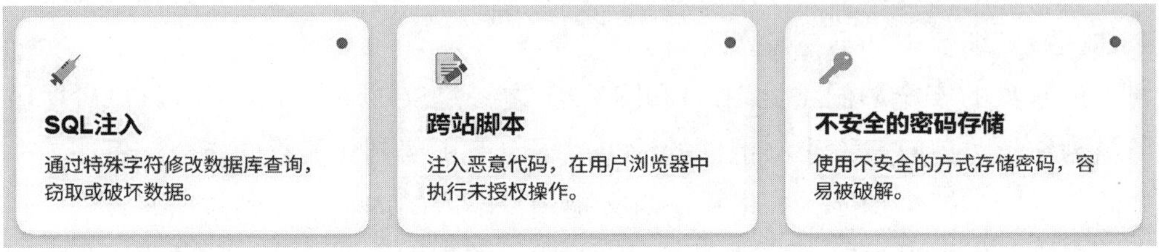

图 3-1　常见安全漏洞（1）

文件上传功能常常成为系统的薄弱环节。开发人员可能允许用户上传文件，但没有严格限制文件类型和内容，导致攻击者可以上传恶意脚本并执行。一家医疗机构的网站允许医生上传患者的X光片，但由于没有正确验证文件内容，黑客上传了伪装成图片的超文本预处理器（Personal Home Page，PHP）脚本，获得了对服务器的控制权，进而接触到大量医疗记录。安全的文件上传实现应当验证文件类型、内容和大小，并将上传的文件存储在不可执行的目录中，或者使用独立的存储服务。

对第三方组件的过度信任也带来了安全风险。现代软件开发高度依赖开源库和框架，但这些组件可能存在安全漏洞或被恶意篡改的风险。某大型航空公司的网站因使用了含有后门的第三方支付组件，导致黑客能够拦截支付信息。开发人员需要谨慎选择第三方依赖，定期更新到安全版本，并通过完整性校验确保下载的组件没有被篡改。

配置错误可能看起来微不足道，但常常导致严重的安全事件。例如，将开发环境的调试信息展示到生产环境，无意中暴露了服务器路径、数据库连接字符串或API密钥；错误配置云存储权限，导致敏感数据对外公开；忘记移除默认账号和密码，这些都可能产生严重的安全事故。某科技创业公司曾因错误配置MongoDB数据库，导致数千万条用户记录在没有密码保护的情况下暴露在互联网上。合理地配置管理和部署前的安全检查能够避免这类问题。

总的来说，写代码就像在安全与便捷之间走钢丝。程序员在追求功能实现和开发速度的同时，很容易忽略安全细节。正如一位资深安全专家所说：“安全不是一个功能，而是一种思维方式。”每一行代码都可能成为黑客的入口点，每一个设计决策都可能影响整个系统的安全性。值得庆幸的是，有了像CodeWhisperer这样的AI安全工具，开发人员不必记住所有的安全最佳实践，因为AI能够在编码时实时提醒潜在的安全问题，就像有一位安全专家时刻在身边指导一样。通过将安全考量融入日常开发流程，程序员能够构建出既功能完善又安全可靠的系统，为用户和组织创造真正的价值。

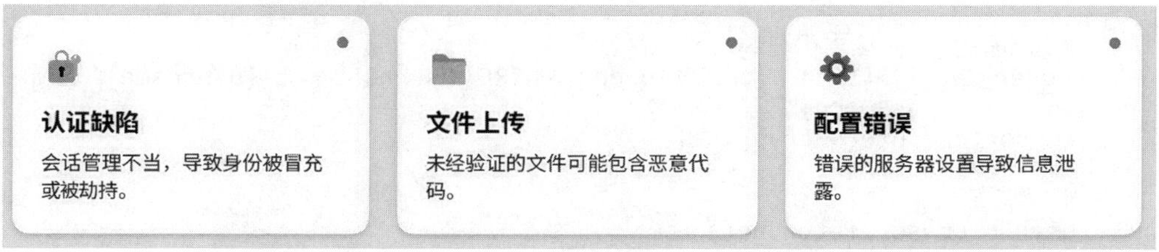

图 3-2　常见安全漏洞（2）

3.2　用 AI 查漏洞：CodeWhisperer 如何审计代码

传统的代码安全审计往往是在开发完成后进行的，就像建好房子后再来检查有没有漏雨一样滞后且低效。这种做法不仅消耗大量时间和资源，还容易错过深层次的安全问题。随着AI技术的发展，CodeWhisperer这样的智能编程助手正在彻底改变代码安全审计的方式，将安全检查融入编码的每个环节。

CodeWhisperer的安全审计功能就像一位24小时待命的安全专家，在开发人员编写代码的同时，实时分析每一行代码的安全性。当检测到潜在问题时，它会立即给出提醒和建议，让开发人员能在问题形成之初就将其消除。

CodeWhisperer能够识别多种常见的安全漏洞类型。在处理用户输入时，它会警惕SQL注入和跨站脚本攻击的风险；在实现认证系统时，它会检查是否存在弱密码策略或会话管理缺陷；在使用加密功能时，它会建议使用最新的安全算法和正确的实现方式。

CodeWhisperer的安全审计不仅会告诉开发人员“哪里有问题”，还会详细解释“为什么”以及“如何修复”。例如，当它发现一个可能的XML外部实体注入漏洞时，会解释这种漏洞可能导致的风险（如服务器文件泄露、拒绝服务攻击），并提供具体的修复代码，如配置XML解析器禁用外部实体解析。这种教学式的反馈特别适合初学者和安全知识欠缺的开发人员，帮助他们在实践中学习安全编码技巧。

现在来看一个实战案例，展示CodeWhisperer如何在实战中帮助开发人员编写更安全的代码。

```
# 开发人员开始编写一个处理用户登录的函数
def login_user(username, password):
    # 连接数据库
    conn = get_db_connection()
    cursor = conn.cursor()

    # 查询用户——这里存在 SQL 注入风险
    query = f"SELECT * FROM users WHERE username = '{username}' AND password = '{password}'"
    cursor.execute(query)

    # 检查结果
    user = cursor.fetchone()
    if user:
        return True
    return False
```

此时，CodeWhisperer会立即识别出安全隐患，并提出安全问题及改进建议（见图3-3）。

图 3-3　审计代码

同时，CodeWhisperer还会提出其他安全建议（见图3-4）。

2. 其他安全建议：

- 密码应该进行加密存储，而不是明文
- 添加登录失败次数限制
- 使用安全的会话管理
- 添加日志记录
- 确保数据库连接在使用后正确关闭

这些改进可以大大提高应用程序的安全性。

图 3-4　其他安全建议

对于每个问题，CodeWhisperer不仅会指出问题所在，还会提供详细的修复建议和相关的安全最佳实践参考。这种全面的安全审计能力让开发团队能够对自己的代码安全状况有清晰的认识，并能有针对性地进行改进。

总之，CodeWhisperer正在将传统的被动安全审计转变为主动的安全开发辅助。它不仅能够发现和修复代码中的安全漏洞，更重要的是，它通过实时反馈和教学式指导，帮助开发人员在编写代码的同时学习有效的安全防护经验，逐步培养安全思维。这种“边写边查”的安全审计模式，大大提高了软件开发的效率和安全性，为构建更安全的数字世界提供了强大支持。

3.3　AI 自动实现数据保护与合规标准

在当今数据驱动的世界，保护用户数据隐私不仅是技术问题，更是法律合规的要求。全球各地的数据保护法规，如欧盟的《通用数据保护条例》（*General Data Protection Regulation*，GDPR）、美国的《加州消费者隐私法》（*California Consumer Privacy Act*，CCPA）、中国的《个人信息保护法》等，都对企业如何收集、存储和处理个人数据提出了严格要求。对开发人员来说，了解并遵循这些复杂的法规要求是一项挑战。而CodeWhisperer这样的AI工具正在简化这一过程，帮助开发人员自动实现数据保护且符合合规标准。

下面开始正常的编码工作。在编写涉及用户数据处理的代码时，可以询问CodeWhisperer是否检测到潜在的合规问题（见图3-5）。例如，当编写收集用户电子邮件的表单时，AI可能会提示添加明确的同意机制等。

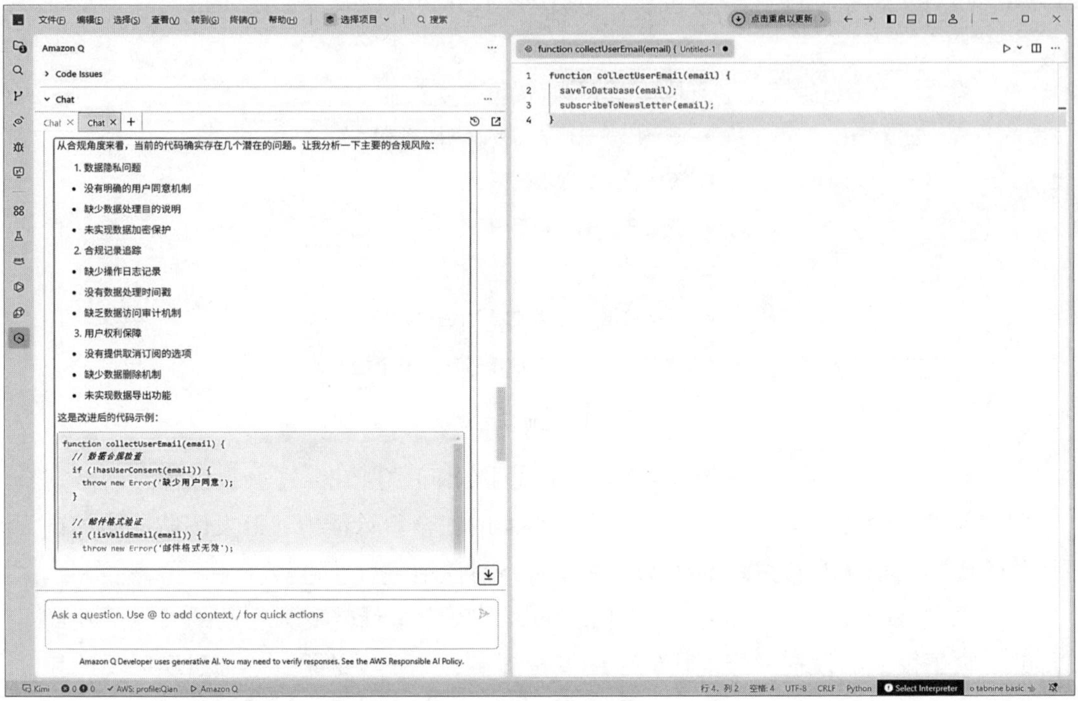

图 3-5　合规问题检测

在处理个人身份信息（PII）时，CodeWhisperer可以帮助识别代码中的敏感数据类型，并提供恰当的保护措施（见图3-6）。例如，当编写处理信用卡信息的代码时，CodeWhisperer会建议采取支付卡行业数据安全标准（Payment Card Industry Data Security Standard，PCI DSS）等合规措施。

CodeWhisperer会检查数据访问模式，确保实施适当的权限控制。例如，在设计API时，CodeWhisperer会建议添加访问控制（见图3-7）。

除了单独建议，还可以让CodeWhisperer启用项目扫描功能，对整个代码库进行合规检查，并生成一份详细的报告，列出所有潜在的合规问题及其严重程度、所在位置和修复建议。

例如，项目扫描报告可能包含如图3-8所示的内容。

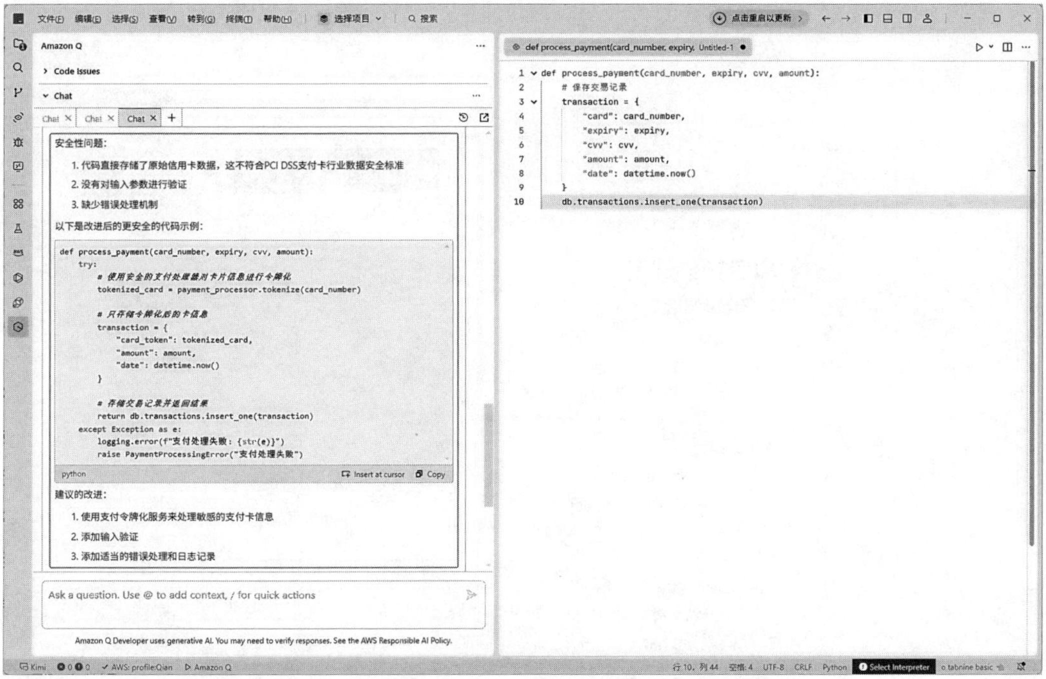

图 3-6　敏感数据检测

图 3-7　访问控制检测

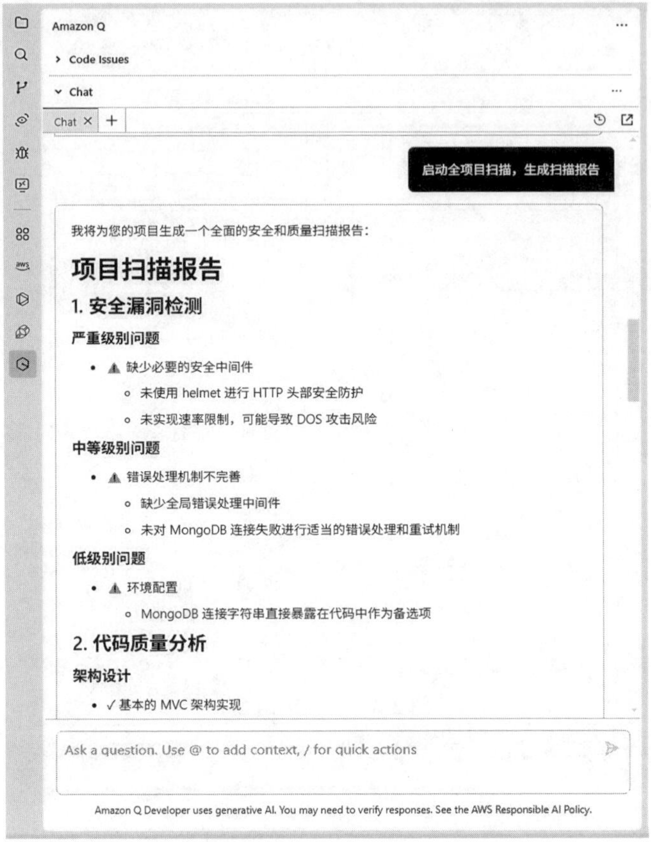

图 3-8　项目扫描报告

CodeWhisperer不仅能识别问题，还能生成符合合规要求的代码模板。例如，当需要实现GDPR要求的数据主体权利功能时，可以通过注释提示AI。

```
// 生成一个符合 GDPR 的数据导出功能
```

CodeWhisperer会根据提示生成完整的实现代码（见图3-9）。

总的来说，CodeWhisperer正在让安全审计从一项特殊任务变成日常编码的自然部分。它不仅可以帮助开发人员避免常见的安全陷阱，还可以通过持续的指导和解释，逐步提升他们的安全意识和技能。对公司而言，这意味着能以更低的成本构建更安全的软件；对开发人员而言，这是一次持续学习的机会，让他们不必通过犯错来学习。在数据泄露和网络攻击日益增多的今天，像CodeWhisperer这样的AI安全助手正成为开发团队的必备工具，为构建更安全的数字世界贡献力量。

图 3-9　合规模板和代码生成

3.4　实战案例：搭建一个带登录功能的安全系统

安全的用户认证系统几乎是所有现代应用程序的基础，然而正确实现这样一个系统却充满挑战。登录功能看似简单，实际上是黑客攻击的主要目标之一，因为一旦被攻破，黑客就能获取用户的敏感信息和权限。接下来将通过实战案例，展示如何利用CodeWhisperer构建一个安全可靠的登录系统，以防范常见的安全威胁。

首先，需要明确项目的需求和功能范围。例如，搭建一个安全的Web登录系统，要求使用安全的密码存储、防止暴力破解、符合相关法规（如GDPR、CCPA）的登录流程等。

在技术选型上，使用传统、稳定的HTML+CSS+JavaScript组合作为前端技术栈。有了这些基本规划，可以开始使用Trae来协助开发了。

步骤1：创建项目。

首先打开Trae工具，会看到编译界面，在页面中找到"打开文件夹"按钮，单击它（见图3-10）。在弹出的对话框中，选择或新建文件夹LoginSystem（见图3-11）。

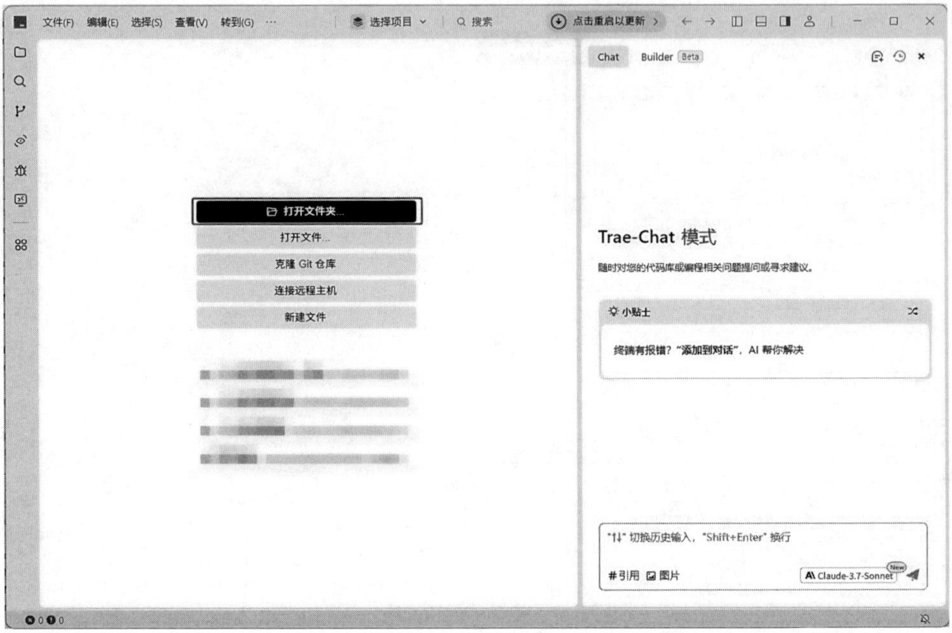

图 3-10　单击“打开文件夹”按钮

图 3-11　选择项目文件夹

步骤2：在Builder模式下描述项目需求。

接下来进入相应的界面后，选择Builder模式。在Builder模式下，对代码文件的任何更改都会被自动保存。在文本输入区域，可以用自然语言描述想要构建的应用，详细描述项目需求，包括功能要求和技术栈要求（见图3-12）。

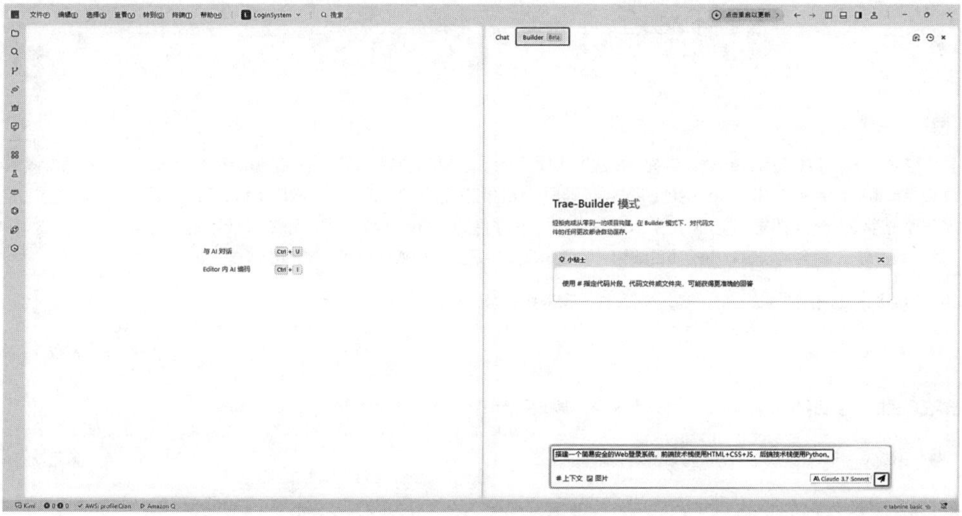

图 3-12　输入项目描述

在Trae的项目描述框中，输入如下内容。

```
搭建一个简易安全的 Web 登录系统，前端技术栈使用 HTML+CSS+JavaScript，后端技术
栈使用 Python。
```

在提交需求之后，Trae会对需求描述进行深入分析，生成项目代码。这个过程可能需要几秒到几分钟，具体时间取决于项目的复杂度。稍等片刻，就能够看到Trae量身定制的代码逐渐成形，并自动将代码应用到指定的文件夹下（见图3-13）。

步骤3：使用CodeWhisperer生成扫描报告。

完成基本项目的构建后，使用CodeWhisperer启动全项目扫描，生成扫描报告，检查系统的安全性。

在完成项目的初步构建工作之后，接下来使用CodeWhisperer工具来启动对整个项目的全面扫描过程。通过一些过程识别出潜在的安全漏洞和代码缺陷。扫描完成后，生成一份详尽的扫描报告。根据这份报告，开发人员可以根据建议修改项目代码，以提高项目的安全性（见图3-14和图3-15）。

搭建一个简易安全的Web登录系统，前端技术栈使用HTML+CSS+JavaScript，后端技术栈使用Python。
Trae AI
我会帮你搭建一个安全的Web登录系统。我建议将项目分为前端和后端两部分：前端使用HTML+CSS+JS实现登录界面和表单验证，后端使用Python的Flask框架处理用户认证和数据存储。系统将包含以下核心功能：用户注册和登录、密码加密存储、会话管理、防止SQL注入和XSS攻击。为了提高安全性，我们会实现密码哈希加盐、CSRF防护、请求限流等安全措施。我会先创建基本的项目结构，包括静态文件目录、模板目录和后端Python文件。
首先创建项目的基本目录结构，包括静态文件、模板和后端Python文件。
requirements.txt +8 -0 审查 >
创建项目的主要目录结构，包括静态资源目录、模板目录和应用配置文件。
app.py +93 -0 审查 >
创建前端登录页面，使用HTML和CSS实现美观的登录界面，并添加基本的表单验证。
templates\login.html +156 -0 审查 >
创建注册页面，实现用户注册功能，包含表单验证和安全性检查。
templates\register.html +188 -0 审查 >
创建主页和仪表板页面，完成基本的页面导航和用户界面展示。
templates\index.html +114 -0 审查 >
创建仪表板页面，用于展示用户登录后的个人信息和系统状态，同时添加安全退出功能。
templates\dashboard.html +156 -0 审查 >
现在我们已经创建了所有必要的文件，包括后端Python应用、前端页面模板和依赖配置。接下来需要安装项目依赖并启动服务器，以便用户可以使用这个登录系统。
LoginSystem 终端 >

图 3-13　项目生成

图 3-14　检查项目安全性（1）

图 3-15　检查项目安全性（2）

通过使用Trae+CodeWhisperer，可以快速构建具有安全特性的登录系统，同时获得关于安全最佳实践的指导。这种方法不仅节省时间，而且可以帮助开发人员确保系统从一开始就内置了安全功能，而不是作为事后考虑添加的弥补性功能，因此安全机制也更加完善。

3.5　实战案例：一键扫描并修复依赖库中的风险组件

在开发软件过程中，开发人员常常忽视一个潜在的危险：依赖库中的安全漏洞。现代应用往往依赖数十个甚至上百个第三方组件，任何一个组件出现安全问题都可能导致整个应用陷入风险。传统软件开发中，识别和修复这些问题是一项烦琐且专业性极强的工作，需要安全专家定期审查、追踪公共漏洞库并手动更新受影响的依赖项。借助CodeWhisperer，这一过程可以变得简单、高效，甚至能够自动完成。

步骤1：建立一个完整的依赖清单。

扫描和修复依赖库风险的第一步是建立一个完整的依赖清单。打开CodeWhisperer插件，输入："生成检查该项目依赖安全的命令"，CodeWhisperer会立即分析项目上下文。对于不同类型的项目，它会智能地推荐相应的安全检查工具和命令（见图3-16）。例如，对于Node.js项目，它会推荐npm audit（见图3-17）；对于Python项目，它可能推荐safety或pip-audit；对于Java项目，则可能推荐使用开放式Web应用程序安全项目（Open Web Application Security Project，OWASP）的依赖检查工具。

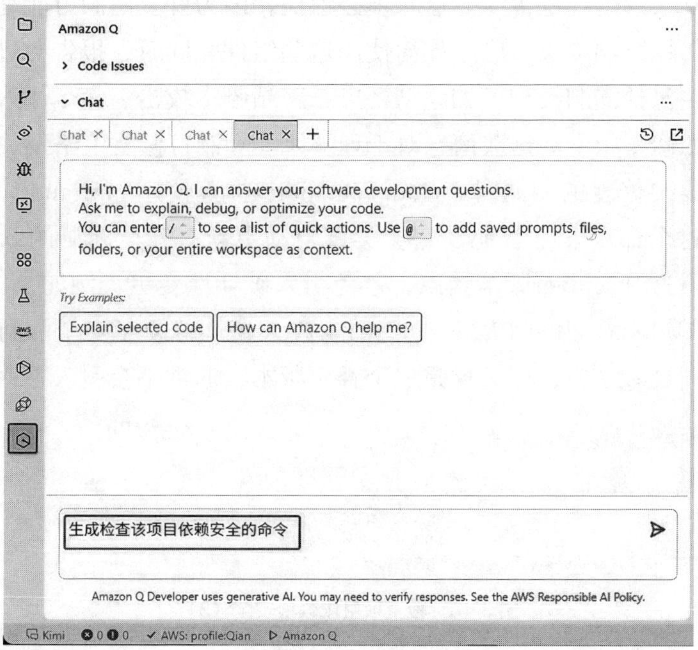

图3-16　检查项目依赖安全（1）

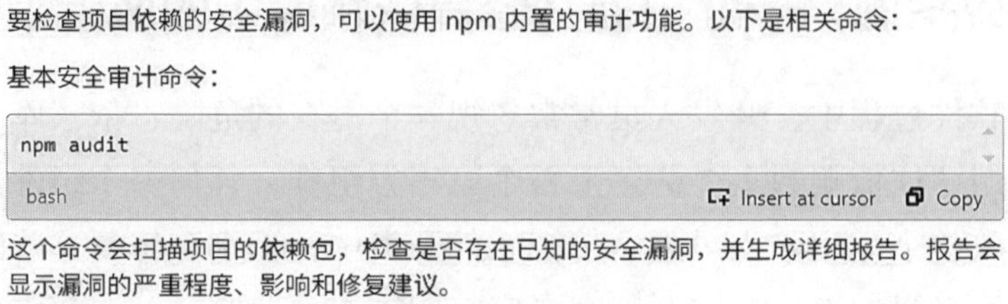

图 3-17　检查项目依赖安全（2）

步骤2：漏洞修复。

对于JavaScript/Node.js项目，CodeWhisperer提供的基本安全审计命令是npm audit。执行这个命令后会触发一系列操作。首先，它会解析package.json和package-lock.json文件，构建完整的依赖树；然后将这些依赖与npm安全数据库中的已知漏洞进行对比；最后生成一份详细的报告。这份报告不仅列出了发现的漏洞，还会按照严重程度（低、中、高、严重）进行分类，并提供每个漏洞的详细描述、通用漏洞和暴露（Common Vulnerabilities and Exposures，CVE）编号、受影响的依赖路径，以及推荐的修复方案。

执行npm audit命令后，可能会看到类似这样的输出：“发现15个漏洞（5个低危、7个中危、3个高危）”。这时不必惊慌，因为许多漏洞可能是通过间接依赖引入的，实际影响取决于应用如何使用这些组件。同时，报告会显示每个漏洞的具体细节，包括漏洞类型（如原型污染、跨站脚本攻击、命令注入等）、影响范围和推荐的修复版本。这些信息对于理解风险和制订修复策略至关重要。

当发现需要修复的漏洞时，CodeWhisperer推荐使用npm audit fix命令（见图3-18）。这个命令非常智能，它会尝试自动更新有安全漏洞的依赖到安全版本，同时尽量遵守semver版本约束，避免引入破坏性变更。例如，如果package.json指定依赖项lodash为^4.17.15，且存在4.17.21版本修复了安全漏洞，npm audit fix会自动更新到4.17.21，因为这是一个补丁版本，通常不会引入不兼容的变更。

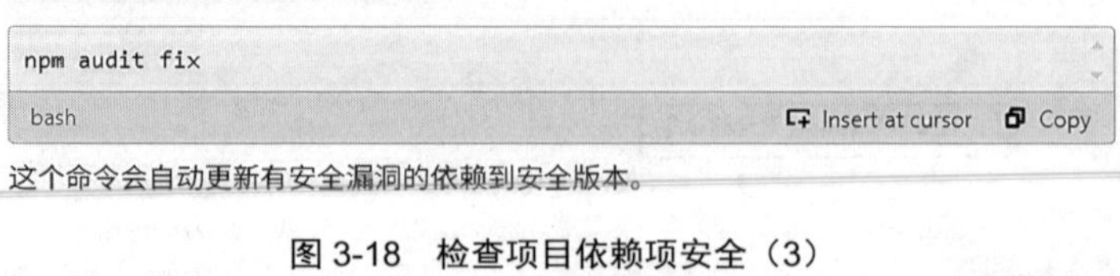

图 3-18　检查项目依赖项安全（3）

有些漏洞可能需要更新主版本才能修复，这种情况下，普通的npm audit fix

会跳过这些更新，因为更新的主版本可能包含破坏性变更。如果开发人员确认可以接受这种风险，可以使用npm audit fix --force命令（见图3-19）。这个命令会更激进地更新依赖项，包括更新主版本。然而，这可能导致应用出现兼容性问题，因此建议在执行此命令后进行全面测试，确保应用功能正常。

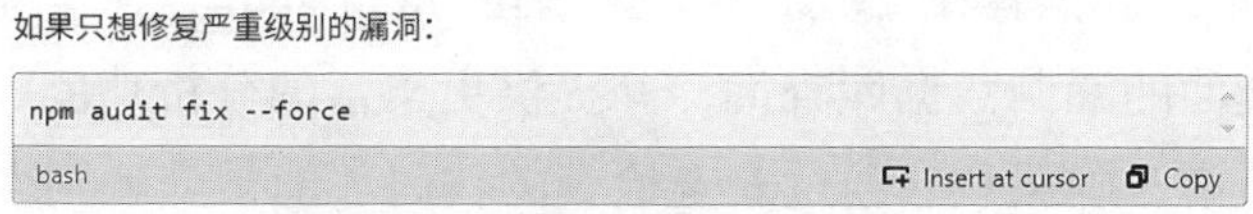

图 3-19　检查项目依赖项安全（4）

对于需要更详细地了解漏洞情况的场景，CodeWhisperer会建议使用npm audit --json命令（见图3-20）。这个命令输出JSON格式的完整漏洞报告，包含所有技术细节。这种格式特别适合进一步处理和分析。例如，可以将输出保存到文件中（npm audit --json > audit-report.json），然后编写脚本进行自定义分析，或者与其他安全工具进行集成。在企业环境中，这种详细的报告常用于安全合规文档和风险评估。

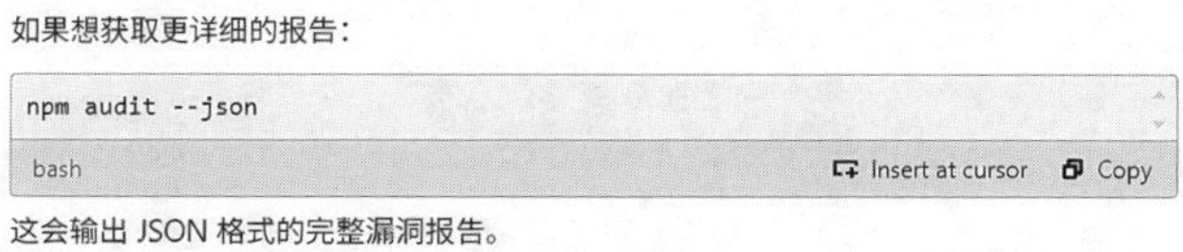

图 3-20　检查项目依赖安全（5）

除了基本命令，CodeWhisperer还会推荐更先进的安全策略。例如，建议在持续集成/持续部署（CI/CD）流程中加入依赖安全检查的步骤。这可以通过配置自动化工作流来实现。每次提交或构建代码时，系统会自动执行安全审计，如果发现高危漏洞，可以配置为阻止构建或发送警报，以确保在部署到生产环境前发现问题。

定期运行安全审计也是CodeWhisperer最推荐的功能之一。开发人员可以设置每周或每月的自动化任务，扫描项目依赖并生成报告。这种定期检查特别重要，因为新的漏洞会不断被发现，即使之前被认为是安全的依赖在未来也可能出现问题。通过定期审计，团队可以主动发现和修复潜在的风险，而不是被动地应对已经发生的安全事件。

及时更新有安全隐患的依赖包是防范风险的关键。然而，这需要平衡安全性与稳定性。CodeWhisperer会建议实施分层更新策略：对于低风险漏洞，可以在常规迭代中更新；对于中风险漏洞，应该在短期内计划更新；而对于高风险和严重级别的漏洞，则需要立即评估和修复。同时，对于关键系统，建议在测试环境验证更新后，再应用到生产环境。

在构建代码的过程中加入自动化的安全检查是现代 DevSecOps 实践的核心。CodeWhisperer 不仅会推荐在 CI/CD 流程中集成 npm audit，还会建议使用更专业的工具整合更全面的漏洞数据库查询，并提供更丰富的分析功能。通过在管道构建中设置安全门禁，确保只有通过安全检查的代码才能被部署到生产环境中。

这些命令和实践不仅可以帮助开发人员及时发现和修复项目中的安全隐患，还能培养团队的安全意识。随着时间的推移，开发人员会更加了解常见的依赖项风险模式，在选择新依赖项时更加谨慎，优先考虑有良好安全记录和活跃维护的库。这种长期的安全实践对于保持整个软件生命周期的安全性至关重要。

随着网络威胁日益复杂，将安全智能融入开发工具链已成为构建韧性系统的必由之路，让安全不再是专家的专属领域，而是每位开发人员日常工作的自然组成部分。

第 4 章

DeepSeek 调试神器详解，AI 自动帮你查 Bug

4.1 DeepSeek 如何读懂你的报错信息

当屏幕上突然弹出一大段红色的报错信息时，许多初学者往往会陷入恐慌。这些充满技术术语的文本宛如天书，令人望而生畏。传统上，开发人员需要仔细阅读每一行报错信息，在搜索引擎中逐条查询，或者翻阅厚重的文档、手册寻求解释。而现在，DeepSeek作为新一代的AI编程工具，彻底改变了这一过程，让调试变得简单直观。

DeepSeek之所以能够高效地读懂报错信息，源于其庞大的训练数据集。这个AI系统经过数十亿行代码和无数开发人员的训练，几乎见识过每一种常见的编程错误。当开发人员遇到报错时，只需将错误信息复制、粘贴给DeepSeek，它就能立即分析并提供清晰的解释。与传统的搜索引擎需要筛选多个结果不同，DeepSeek直接给出具有针对性的答案，节省宝贵的开发时间。

来看一个实际的例子。这是一段分析学生成绩的Python代码。

```
scores = [85, 92, 78, 90]
for i in range(5):
    print(f" 学生 {i+1} 的分数是 : {scores[i]}")
```

运行后，收到了这样的报错。

```
IndexError: list index out of range
```

对初学者来说，这段报错信息虽然简短，却不容易理解。现在将这段报错信息粘贴给DeepSeek（见图4-1），就能得到清晰的回应。DeepSeek除了解释问题，还提供了修复方案（见图4-2）。

图 4-1 提供报错信息

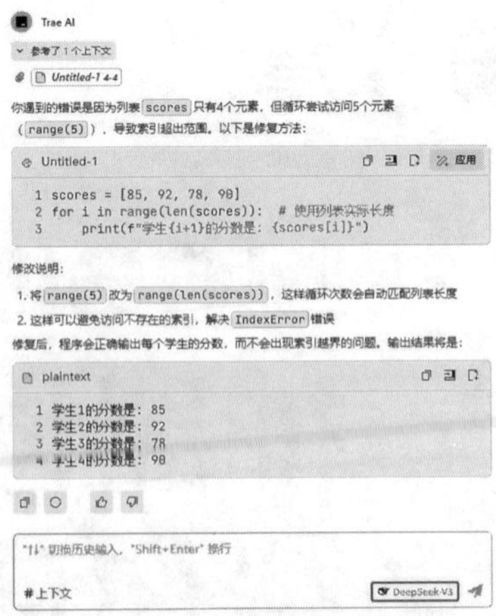

图 4-2 Python 循环报错的修复方案

DeepSeek的强大之处在于它能够理解各种编程语言和框架的错误信息。无论是JavaScript的“Uncaught TypeError”、Java的“NullPointerException”，还是复杂的React组件渲染错误，它都能准确识别并解释。对初学者来说，这意味着不再需要花费数小时翻阅不同框架的文档，就能了解遇到的问题。再举一个前端开发的例子，这是一个React的简单组件。

```
function UserProfile() {
  const [user, setUser] = useState(null);

  return (
    <div className="profile">
      <h1>{user.name}'s Profile</h1>
      <p>Email: {user.email}</p>
    </div>
  );
}
```

运行后，浏览器控制台显示红色错误。

```
Uncaught TypeError: Cannot read properties of null (reading 'name')
```

对React新手来说，这段错误信息就像一团乱麻。把这段报错信息复制给DeepSeek，很快就可以得到问题的详细解释，DeepSeek还给出了一个切实可行的修复方案（见图4-3）。

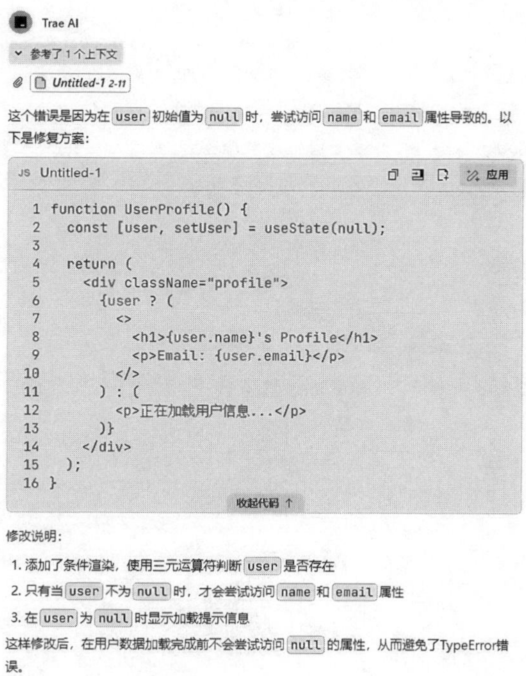

图4-3　React组件渲染错误的修复方案

DeepSeek能够解读堆栈跟踪（Stack Trace）信息。这些层层嵌套、看似混乱的调用链对新手开发人员来说尤其困难。而DeepSeek能够从中识别出关键信息，告诉开发人员错误的根源在哪里，而不是停留在表面的错误信息上。它会指出哪个函数调用导致了问题，并在可能的情况下，提供完整的错误传播路径，帮助开发人员理解错误是如何从一个模块传递到另一个模块。例如，在开发一个数据库应用时，遇到了一个棘手的错误。

```
SequelizeConnectionError: Connection timed out
    at ConnectionManager.connect (/app/node_modules/sequelize/lib/dialects/mysql/connection-manager.js:170:17)
    at processTicksAndRejections (node:internal/process/task_queues:96:5)
    at async ConnectionManager._connect (/app/node_modules/sequelize/lib/dialects/mysql/connection-manager.js:274:24)
    at async /app/node_modules/sequelize/lib/dialects/abstract/connection-manager.js:335:24
    at async ConnectionManager.getConnection (/app/node_modules/sequelize/lib/dialects/abstract/connection-manager.js:280:7)
    at async /app/src/database.js:45:16
```

这种长长的堆栈跟踪往往让人不知所措。这时向DeepSeek求助，就可以获得通俗易懂的解释（见图4-4）。

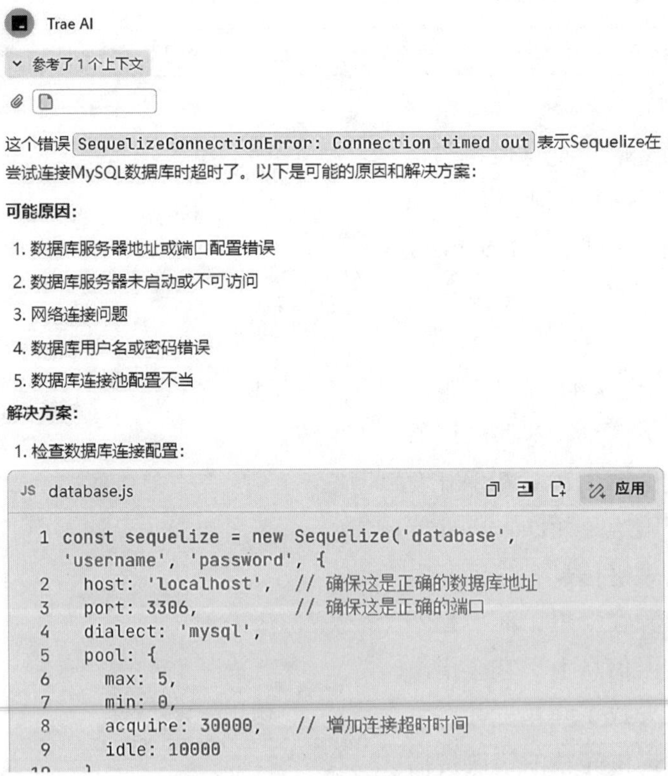

图 4-4　数据库堆栈跟踪修复方案

DeepSeek不仅解释了错误，还提供了实用的调试建议。

> 建议按照以下步骤排查。
>
> 确认数据库服务是否正常运行；
>
> 检查网络连接是否通畅；
>
> 验证数据库连接配置是否正确；
>
> 增加连接超时时间和重试机制；
>
> 添加适当的错误处理逻辑；
>
> 如果问题仍然存在，请检查数据库服务器的防火墙设置，确保允许来自应用服务器的连接。

DeepSeek不仅能理解显性的错误信息，还善于分析隐性的症状描述。当开发人员描述“我的网页加载后显示空白”或者“登录页面不能正常跳转到主页”这样的问题时，DeepSeek能根据上下文推断出可能的原因（见图4-5）。它会询问关键细节，引导开发人员检查控制台错误、网络请求状态或事件监听器等可能的问题区域，就像一位经验丰富的编程导师一样提供系统性的调试思路。

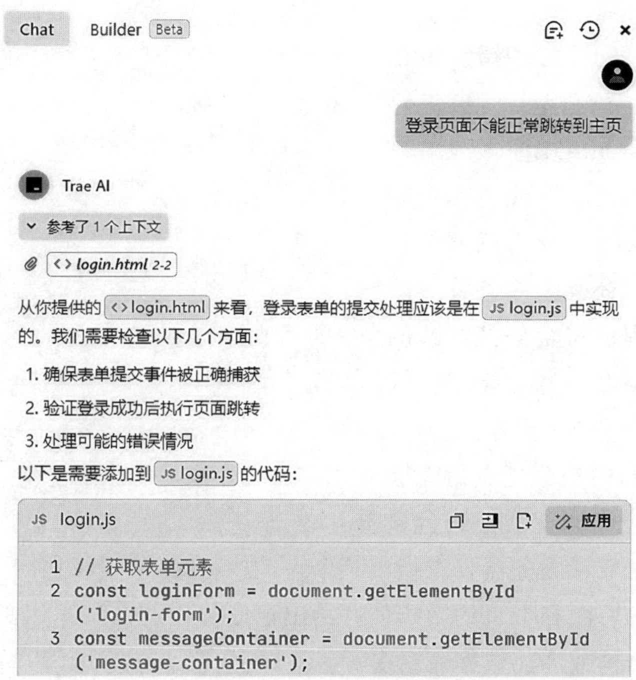

图 4-5　问题描述修复

DeepSeek还能识别与环境相关的报错。当错误涉及包管理器、构建工具或运行时环境时，它能够区分代码逻辑问题和环境配置问题。例如，它能够判断是Node.js版本不兼容，还是包依赖冲突，抑或是构建配置错误，并给出相应的环境调整建议。例如，在安装一个Node.js项目时遇到依赖冲突。

```
npm ERR! code ERESOLVE
npm ERR! ERESOLVE unable to resolve dependency tree
npm ERR!
npm ERR! While resolving: my-project@1.0.0
npm ERR! Found: react@17.0.2
npm ERR! node_modules/react
npm ERR!   react@"^17.0.2" from the root project
npm ERR!
npm ERR! Could not resolve dependency:
npm ERR! peer react@"^18.0.0" from react-cool-component@2.4.0
npm ERR! node_modules/react-cool-component
npm ERR!   react-cool-component@"^2.4.0" from the root project
```

将错误信息复制给DeepSeek，它会在解释原因的同时，提供几种解决方案（见图4-6）。

图 4-6　环境报错修复方案

与安全相关的警告和错误也在DeepSeek的理解范围内。当代码触发安全警告，如SQL注入风险、跨站脚本（XSS）漏洞或不安全的API使用时，DeepSeek不仅解释这些警告的含义，还会说明其背后的安全风险，并提供符合最佳实践的安全编码替代方案。这对于培养开发人员的安全意识非常重要。

DeepSeek的另一个亮点是能够解读性能警告。当浏览器控制台显示内存泄漏警告或者服务器日志指出某个查询执行时间过长时，它能够解释这些性能问题出现的原因和带来的影响，并给出建议优化的方向，如实现组件卸载清理、优化循环结构或添加数据库索引等。

语法错误是初学者最常见的绊脚石，DeepSeek在这方面的表现极为人性化。

面对“SyntaxError: expected”这样的错误，它不会用晦涩的语言规范解释，而是直观地指出哪里缺少一个括号、引号或分号，或者哪个关键词拼写错误（见图4-7）。它还会解释相关的语法规则，帮助开发人员真正了解错误出现的原因，而不是简单地修复。

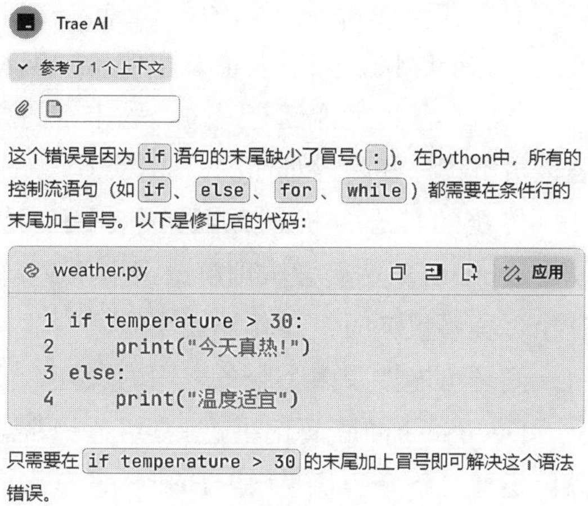

图 4-7　语法错误修复方案

随着项目的发展和积累，报错信息往往变得更加复杂和难以理解。DeepSeek能够处理跨文件、跨模块的错误链，识别出错误的传播路径，并建议如何在源头解决问题，而不是在症状出现处进行修补。这种系统性思维对于维护大型代码库尤为重要。

对于非英语开发人员，DeepSeek能够理解并解释英文报错信息，这解决了全球许多开发人员面临的语言障碍问题。无论是巴西的开发人员面对英文的Java异常，还是中国的程序员遇到英文的Python错误，DeepSeek都能提供母语解释，让技术更加平等地为全世界的开发人员所用。

总的来说，DeepSeek将编程错误从令人沮丧的障碍转变为学习机会。它不仅能快速解决眼前的问题，更能在解决过程中传授调试思维和编程知识，帮助开发人员逐步建立起系统性的问题解决能力。借助这一强大的工具，编程新手可以更快地度过学习曲线的陡峭期，资深开发人员则能够更高效地处理复杂的问题，真正实现了AI辅助编程的价值。

4.2　AI 辅助日志分析与故障定位方法

在编程中，调试可能是最具挑战性的任务之一。当程序出现问题时，开发人员常常会查看日志文件，这些文本文件记录着程序运行状态和错误信息。然而，对初学者来说，面对成百上千行的日志记录，找出问题所在犹如大海捞针。日志中充斥着时间戳、系统状态、警告和错误信息，阅读和理解这些内容需要丰富的经验和专业知识。

而现在，DeepSeek作为一款强大的AI编程工具，正在彻底改变日志分析的方式。它能够快速扫描大量日志信息，识别出异常模式，并用通俗易懂的语言解释问题所在。这就像拥有一位经验丰富的高级工程师，24小时待命，随时帮助开发人员解读那些晦涩难懂的日志信息。

传统的日志分析过程通常包括手动搜索关键词，如“Error”“Warning”“Exception”，然后尝试理解错误上下文，查找相关代码，最后推断可能的原因。这个过程不仅耗时，而且需要丰富的专业技术知识和经验。对于复杂的分布式系统，问题可能涉及多个服务之间的交互，使得排错过程更加复杂。

DeepSeek彻底简化了这一过程。只需将日志文件上传或复制给AI工具，它就能迅速分析并提供见解。DeepSeek首先会识别日志中的错误模式，然后将这些技术性的错误信息翻译成人类易懂的语言。更重要的是，它不仅告诉开发人员发生了什么问题，还会解释为什么会发生及如何解决。

例如，一个电商网站的后台管理系统突然变得非常缓慢，管理员提交了以下日志片段给DeepSeek。

```
2023-06-15 14:32:45 [ERROR] [ConnectionPool:126] Unable to acquire
connection: max pool size reached
2023-06-15 14:32:46 [WARN] [OrderService:78] DB query timeout after
5000ms: SELECT * FROM orders WHERE create_date > '2023-01-01'
2023-06-15 14:32:48 [ERROR] [AdminController:245] Request processing
failed: java.sql.SQLTimeoutException: Statement timed out
2023-06-15 14:33:01 [ERROR] [ConnectionPool:126] Unable to acquire
connection: max pool size reached
2023-06-15 14:33:03 [WARN] [ProductService:112] DB query timeout after
5000ms: SELECT * FROM products WHERE stock_status = 'LOW'
```

DeepSeek会给出以下分析。

> 从日志来看，你的系统遇到了数据库连接池和查询超时的问题，以下是主要问题。
>
> ①数据库连接池达到最大限制，无法获取新连接；
>
> ②多个查询执行时间超过5000ms，导致超时；
>
> ③主要涉及订单和产品查询。

DeepSeek 还给出了建议的解决方案（见图 4-8）。

通过这种分析，即使是一个不熟悉数据库原理的开发人员也能了解问题所在，并采取适当的措施解决。

DeepSeek的另一个强大功能是能够跨多个日志文件进行关联分析。在微服务架构中，一个请求可能经过多个服务，每个服务都有自己的日志。当出现问题时，真正的原因可能隐藏在某个特定服务的日志中。DeepSeek能够追踪请求ID或事务ID，将分散在不同日志文件中的相关信息拼接起来，构建完整的请求流程图，从而准确定位问题发生的环节。

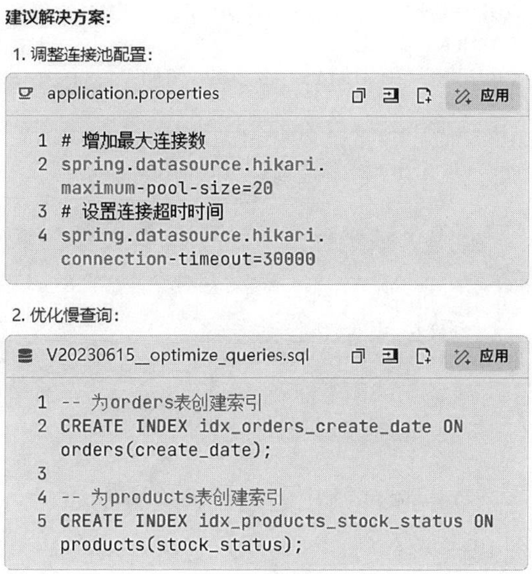

图 4-8　建议的解决方案

例如，当用户报告无法完成支付时，开发团队收集了3个相关服务的日志。

购物车服务日志如下。

```
2023-06-20 09:15:23.456 [INFO] [req-abc123] Cart checkout initiated for user_id=1001, cart_id=5432, amount=$156.78
2023-06-20 09:15:23.890 [INFO] [req-abc123] Forwarding to payment service with transaction_id=TR789012
```

支付服务日志如下。

```
2023-06-20 09:15:24.012 [INFO] [req-abc123] Received payment request for transaction_id=TR789012
2023-06-20 09:15:24.123 [INFO] [req-abc123] Calling external payment gateway with merchant_id=MERCH001
2023-06-20 09:15:26.234 [ERROR] [req-abc123] Payment gateway connection timed out after 2000ms
2023-06-20 09:15:26.240 [WARN] [req-abc123] Retrying payment gateway connection...
2023-06-20 09:15:28.345 [ERROR] [req-abc123] Payment gateway connection timed out after 2000ms
2023-06-20 09:15:28.350 [ERROR] [req-abc123] Payment processing failed: Unable to connect to payment gateway
```

订单服务日志如下。

```
2023-06-20 09:15:28.456 [INFO] [req-abc123] Received payment status update: FAILED
```

```
2023-06-20 09:15:28.460 [INFO] [req-abc123] Updating order status to PAYMENT_FAILED
2023-06-20 09:15:28.567 [INFO] [req-abc123] Sending notification to user_id=1001
```

DeepSeek会给出以下分析。

从日志分析来看，系统在支付环节遇到了支付网关连接超时的问题，导致整个购物车结算流程失败，以下是问题分析。

①支付网关连接不稳定，连续两次连接超时（每次2000ms）；

②支付失败后，订单状态被正确更新为PAYMENT_FAILED;

③用户收到了支付失败的通知。

DeepSeek给出的建议解决方案如图4-9所示。

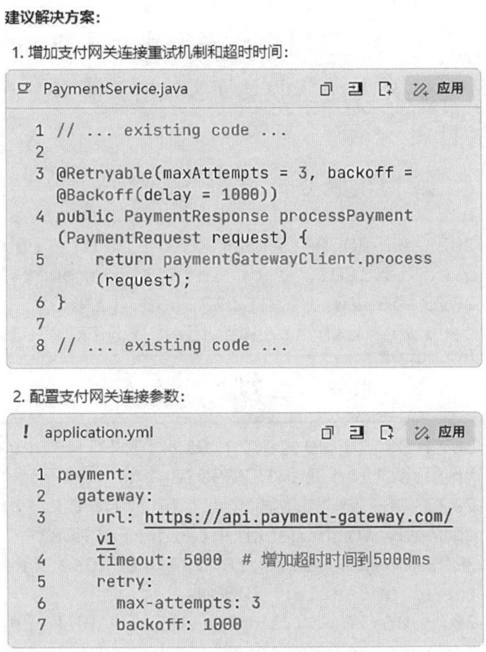

图 4-9 关联日志分析建议的解决方案

这种端到端的请求跟踪分析让开发人员一眼就能看清问题发生的确切位置和原因，无须在多个日志文件中来回切换和猜测。

时间相关性分析是DeepSeek的另一个强项。它能够识别出特定时间段内的异常模式，例如，发现系统每天在特定的时间点都会出现同样的错误，这可能与定时任务或用户行为模式相关。这种时间维度的分析通常很难通过人工完成，尤其是日志量很大时。

例如，一个教育平台的应用服务器连续多天的日志显示类似的模式。

```
2023-05-10 08:55:03 [WARN] [MemoryMonitor:45] High memory usage: 85% of available heap
2023-05-10 09:00:00 [INFO] [SchedulerService:28] Starting daily course recommendation calculation
2023-05-10 09:15:12 [ERROR] [MemoryMonitor:60] Critical memory usage: 95% of available heap
```

```
2023-05-10 09:15:14 [ERROR] [RecommendationEngine:156] OutOfMemoryError during batch processing
...
2023-05-11 08:58:43 [WARN] [MemoryMonitor:45] High memory usage: 83% of available heap
2023-05-11 09:00:00 [INFO] [SchedulerService:28] Starting daily course recommendation calculation
2023-05-11 09:14:22 [ERROR] [MemoryMonitor:60] Critical memory usage: 94% of available heap
2023-05-11 09:14:25 [ERROR] [RecommendationEngine:156] OutOfMemoryError during batch processing
...
```

DeepSeek会给出以下分析。

> 从日志来看，系统在每天执行课程推荐计算时都会遇到内存使用过高的问题，最终导致OutOfMemoryError，以下是问题分析。
>
> ① 每天09:00启动的课程推荐计算任务导致内存使用率急剧上升；
>
> ② 内存使用率在15分钟内从85%上升到95%；
>
> ③ 连续两天出现相同的内存问题。

DeepSeek给出的建议解决方案如图4-10所示。

这种基于时间的模式识别能力让系统管理员快速了解周期性问题的根源，而不必在每次故障发生时重新调查。

对于性能问题的排查，DeepSeek能提供深入的见解。通过分析响应时间、资源使用率和错误率等指标，它可以识别出性能瓶颈所在。例如，它可以发现某个API在处理特定类型的请求时特别慢，并进一步指出这可能与缓存失效或特定查询优化不足有关。

以下是一个视频分享平台的API性能日志。

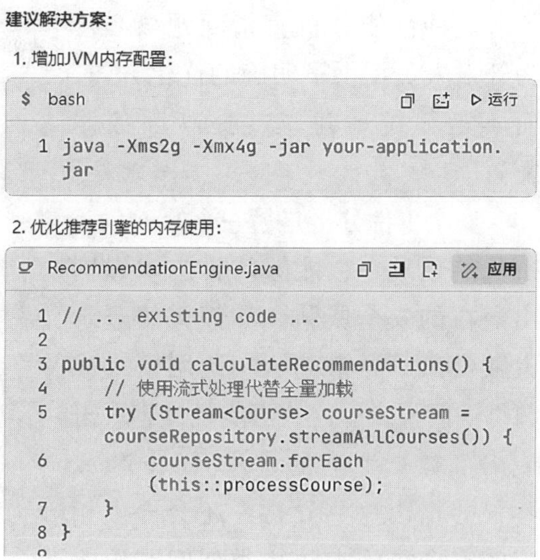

图 4-10　时间相关性分析建议的解决方案

```
2023-07-05 13:10:23.456 [INFO] [PerformanceMonitor] API: /api/videos/
trending - Avg response: 120ms - Requests: 1,245
2023-07-05 13:10:23.457 [INFO] [PerformanceMonitor] API: /api/videos/
search - Avg response: 3,450ms - Requests: 832
2023-07-05 13:10:23.458 [INFO] [PerformanceMonitor] API: /api/users/
profile - Avg response: 95ms - Requests: 2,156
2023-07-05 13:10:23.459 [INFO] [PerformanceMonitor] API: /api/comments/
latest - Avg response: 210ms - Requests: 958
2023-07-05 13:10:23.511 [DEBUG] [SearchService:189] Query execution
time: 3,280ms for query: SELECT * FROM videos WHERE title LIKE '%cat%'
OR description LIKE '%cat%' ORDER BY upload_date DESC
2023-07-05 13:10:23.512 [DEBUG] [DatabaseStats] Table 'videos' size:
1.2GB, rows: 5,431,267
```

DeepSeek的性能分析如下。

从日志来看，/api/videos/search API 的响应时间明显过长（平均3450ms），主要原因是视频搜索查询的性能问题，以下是问题分析。

① 视频搜索查询耗时过长（3280ms）；

② 视频表数据量较大（1.2GB，543万行）；

③ 使用LIKE进行模糊搜索，效率较低。

DeepSeek给出的建议解决方案如图4-11所示。

这种性能分析直指问题核心，为开发人员提供了明确的优化方向，而不是笼统地建议“提高服务器配置”。

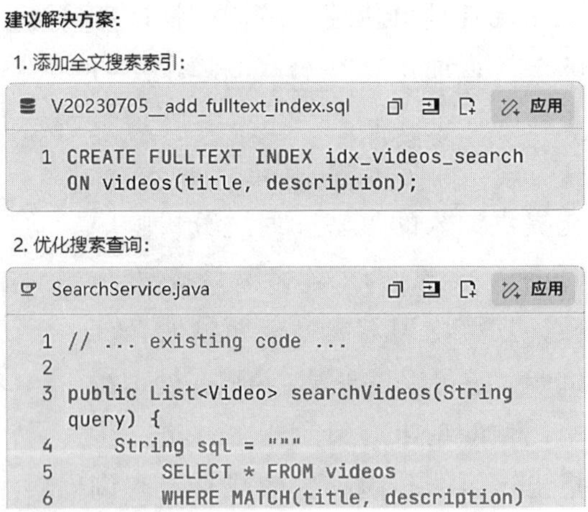

图 4-11　对于性能问题建议的解决方案

安全事件分析是另一个 DeepSeek 擅长的领域。它能够从日志中识别出潜在的安全威胁，如频繁的登录失败尝试、异常的 API 调用模式或数据访问异常。这些可能是黑客攻击或内部数据泄露的迹象。DeepSeek 不仅会指出这些异常，还会提供相应的安全措施来防止类似问题再次发生。

例如，某银行的网上系统日志显示以下内容。

```
2023-08-12 02:14:23 [WARN] [SecurityManager:87] Login failed for
username: admin123, IP: 185.176.43.89, Attempt: 1
2023-08-12 02:14:35 [WARN] [SecurityManager:87] Login failed for
username: admin123, IP: 185.176.43.89, Attempt: 2
...
2023-08-12 02:17:56 [WARN] [SecurityManager:87] Login failed for
username: admin123, IP: 185.176.43.89, Attempt: 20
2023-08-12 02:18:12 [WARN] [SecurityManager:87] Login failed for
username: admin, IP: 185.176.43.89, Attempt: 1
...
2023-08-12 02:19:45 [WARN] [SecurityManager:87] Login failed for
username: admin, IP: 185.176.43.89, Attempt: 15
2023-08-12 02:20:03 [WARN] [SecurityManager:87] Login failed for
username: administrator, IP: 185.176.43.89, Attempt: 1
2023-08-12 03:45:12 [INFO] [APIService:132] Unusual high volume of
API calls to /api/accounts/balance from IP: 185.176.43.90, Rate: 120
requests/minute
```

DeepSeek的安全分析会指出以下问题。

从日志来看，系统正在遭受暴力破解攻击和API滥用，以下是问题分析。

① 同一IP地址（185.176.43.89）在短时间内尝试了多次登录；

② 攻击者尝试了多个常见的管理员用户名（admin123、admin、administrator）；

③ 另一个相关IP（185.176.43.90）对账户余额API进行了高频调用。

DeepSeek给出的建议解决方案如图4-12所示。

这种安全分析能够帮助组织及早发现并应对潜在的安全威胁，防止数据被泄露或系统被破坏。

DeepSeek的使用方式非常灵活。开发人员可以直接上传整个日志文件，也可以复制、粘贴关键部分，甚至可以描述观察到的“症状”，让DeepSeek指导如何收集更有用的日志信息。这种交互式的分析过程使得即使是编程新手也能进行有效的故障排除。

例如，一个初学者这样向DeepSeek求助：“我的Node.js应用启动时崩溃了，但我不知道应该看哪些日志文件或者如何解释它们，错误消息只是说内部服务器错误”。

DeepSeek会提供有针对性的指导（见图4-13）。

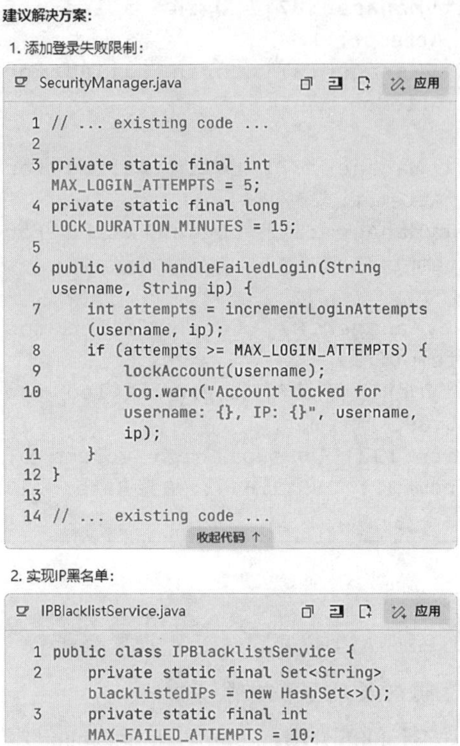

图 4-12　安全事件分析建议的解决方案

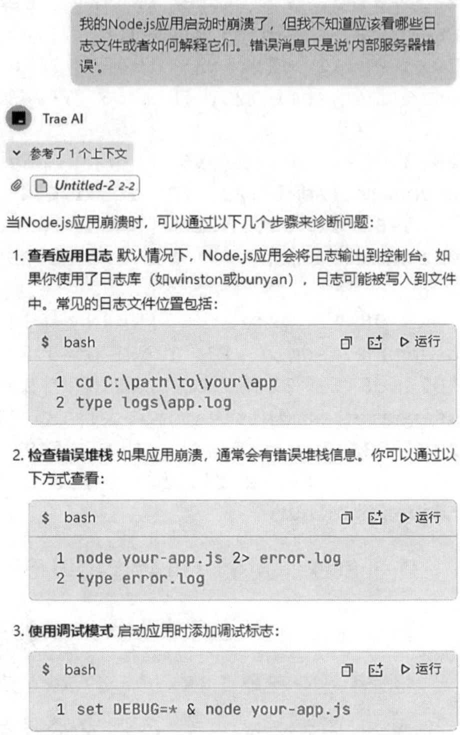

图 4-13　分析“症状”提供修复方案

这种指导不仅解决了当前问题，还教会了开发人员日后如何自行收集和分析日志信息。

值得一提的是，DeepSeek不仅能解决当前的问题，还能帮助开发人员改进日志记录本身。它会建议在代码的关键位置添加更详细的日志记录，或者推荐更结构化的日志格式，以便未来的问题更容易被发现和解决。这种前瞻性的建议对提高系统的可维护性和可靠性非常有价值。

除了被动地分析已经发生的问题，DeepSeek还能帮助开发人员建立主动监控系统。基于对历史日志的分析，它可以识别出哪些指标是系统健康状态的关键指标，并建议设置相应的告警阈值，以便在问题影响用户之前及时发现和解决。

DeepSeek 还支持与现有的日志分析工具集成。例如，它可以分析 ELK（Elasticsearch、Logstash、Kibana）或 Splunk 等工具生成的报告，为这些技术性的数据可视化提供人性化的解释和建议。这种集成使得组织可以在保留现有工具的同时，增强其分析能力。

在处理大规模生产环境的问题时，DeepSeek的价值更加突出。当系统负载高、用户投诉涌入时，快速定位和解决问题至关重要。DeepSeek能够在短时间内分析大量日志数据，快速缩小问题范围，让开发团队能够集中精力在最可能的原因上，而不是盲目地尝试各种可能性。

对于那些对特定技术栈不熟悉的开发人员来说，DeepSeek是一个特别有用的工具。例如，一个主要使用Java的开发人员可能不太熟悉Python的日志结构和常见错误模式。DeepSeek能够弥补这些知识差距，提供相关的问题分析，帮助开发人员快速适应新的技术环境。

DeepSeek在日志分析中的应用不局限于错误排查，还包括对系统行为的理解和优化。通过分析用户会话日志，它可以揭示用户如何实际使用应用，哪些功能最受欢迎，哪些操作流程可能存在摩擦点。这些见解可以指导改进产品和优化用户体验。

从教育角度看，DeepSeek也是一个极好的学习工具。当它解释日志中的错误时，实际上是在传授诊断思维和问题解决技能。通过观察DeepSeek如何从混乱的日志中提取关键信息并建立因果关系，开发人员可以逐渐掌握这种系统性思考的能力，提升自己的调试水平。

随着系统的不断发展和复杂度的增加，日志分析将变得越来越重要，也越来越具有挑战性。DeepSeek这样的AI工具正在成为开发人员工具箱中不可或缺的一部分，使得复杂系统的维护和故障排除变得更加高效和可靠。这不仅提高了开发团队的工作效率，也降低了系统故障对业务的影响，最终为用户提供更稳定、更可靠的服务体验。

在编程学习和工作的道路上，DeepSeek就像一位经验丰富的导师，不仅能解决当前的技术难题，更能传授解决问题的思路和方法。通过这种人机协作的方式，即使是初学者也能处理复杂的调试任务，加速自己的技能成长。无论是开发人员个人还是大型技术团队，都能从这种智能辅助中获益匪浅，让技术开发的过程变得更加流畅和高效。

4.3 性能瓶颈智能识别与定位指南

在软件开发过程中，性能问题往往像幽灵一样难以捉摸。用户抱怨系统运行缓慢，页面加载耗时过长，或者操作响应迟钝，却很难准确地指出到底是哪里出了问题。传统的性能优化通常依赖开发人员的经验，通过手动添加计时器、分析各个组件的执行时间来推断瓶颈所在。这种方法不仅耗时，而且容易错过真正的问题根源。

DeepSeek在性能瓶颈识别方面带来了突破，它能够智能分析应用的运行数据，精确定位性能瓶颈，并提供有针对性的优化建议。借助机器学习和深度代码理解能力，DeepSeek能够发现人类难以察觉的性能模式和异常，就像一位经验丰富的性能工程师全天候为你服务。

性能问题的识别首先需要全面的数据收集。DeepSeek可以分析多种来源的性能数据，包括应用程序日志、性能剖析报告（Profiling Reports）、服务器监控指标、浏览器开发工具中的网络和渲染时间线等。只需将这些数据提供给DeepSeek，它就能自动构建应用的性能全景图，并识别出异常的执行路径。

例如，一个电子商务网站在“双11”促销期间发现商品页面加载异常缓慢。开发团队收集了浏览器网络瀑布图（Waterfall）和后端服务器的性能日志后，提供给DeepSeek分析。后端服务器日志片段如下。

```
2023-11-11 08:15:45.190 [INFO] RecommendationService - Generating product recommendations for product_id=54321
```

DeepSeek迅速指出了问题所在。

> 从日志来看，产品推荐服务的性能存在问题，主要表现是推荐生成时间过长（2262ms），超过了200ms的阈值。

DeepSeek给出的建议优化方案如图4-14所示。

这种精准的诊断和具体的优化建议使开发团队能够迅速解决问题，而不必花费大量时间在猜测和尝试中。

数据库查询优化是DeepSeek擅长的领域之一。对于一个医疗记录系统报告的患者搜索缓慢问题，慢查询日志显示如下。

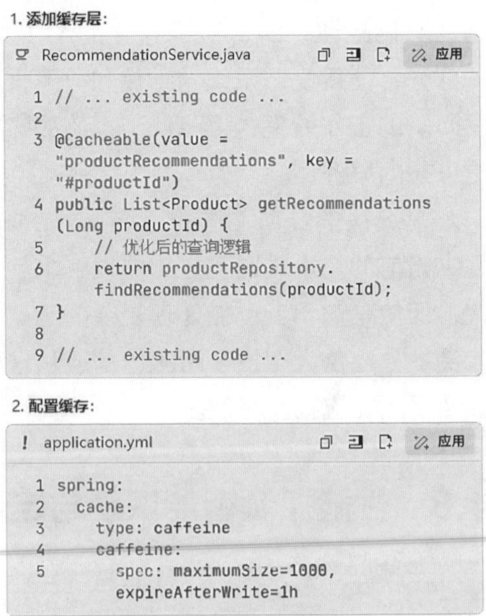

图 4-14　性能问题优化方案

```
# Query_time: 3.521635  Rows_examined: 2543678  Rows_sent: 125
SELECT p.*, a.appointment_date, d.name as doctor_name
FROM patients p
LEFT JOIN appointments a ON p.id = a.patient_id
LEFT JOIN doctors d ON a.doctor_id = d.id
WHERE p.last_name LIKE '%smith%' OR p.first_name LIKE '%john%'
ORDER BY a.appointment_date DESC;
```

DeepSeek分析后指出以下几点。

> 从MySQL慢查询日志来看，这个查询存在严重的性能问题，以下是问题分析。
>
> ①查询时间过长（3.52s）；
>
> ②扫描行数过多（254万行）；
>
> ③使用LIKE进行模糊搜索，效率较低；
>
> ④涉及多个表的JOIN操作。

DeepSeek给出的建议优化方案如图4-15所示。

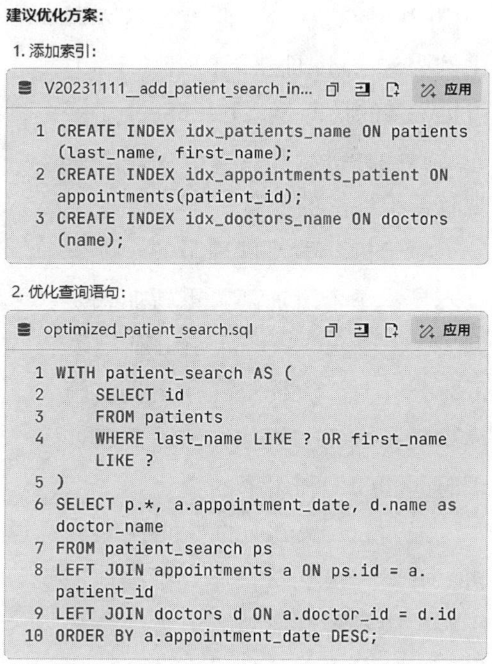

图4-15　数据库查询优化方案

这种数据库优化建议不仅解决了当前的性能问题，还提供了可持续的长期解决方案，即使数据继续增长也能保持良好的性能。

前端性能优化同样是DeepSeek的专长。针对一个响应迟钝的仪表盘页面，控制台日志显示ChartComponent在短时间内重新渲染了28次。DeepSeek建议："建议先使用React.memo和useMemo，然后观察渲染次数是否减少。如果问题持续，可能需要进一步分析父组件的状态更新逻辑。"

内存泄漏是另一类常见但难以发现的性能问题。一个桌面应用在长时间运行后内存占用激增，监控日志显示如下。

```
[TraceID: abc-123-xyz] 2023-09-05 10:15:32.236 [INFO] [RiskAssessmentService]
Starting risk assessment
[TraceID: abc-123-xyz] 2023-09-05 10:15:32.700 [WARN] [RiskAssessmentService]
DB connection acquisition took 320ms, pool utilization: 95%
[TraceID: abc-123-xyz] 2023-09-05 10:15:32.943 [INFO] [RiskAssessmentService]
Risk assessment completed in 707ms
```

DeepSeek分析出以下问题。

> 从日志来看，风险评估服务存在以下性能问题。
> ①数据库连接获取时间过长（320ms）；
> ②连接池利用率过高（95%）；
> ③整体处理时间较长（707ms）。

DeepSeek给出的建议优化方案如图4-16所示。

这种深入的内存问题分析对于Electron、React Native等JavaScript桌面和移动应用尤为重要，因为内存管理在这些环境中常常被忽视。

在系统架构层面，DeepSeek也能提供宝贵建议。对于一个面临扩展挑战的社交平台，监控显示读写比例为50∶1，且热门内容（5%）占据63%的访问量。DeepSeek建议先实施缓存机制和读写分离，然后观察系统性能的变化。

图 4-16　内存泄漏优化方案

对于机器学习推理服务，性能日志显示每个请求都要重新加载模型（约1590ms），且GPU利用率低（18%）。DeepSeek建议先实施模型缓存和GPU优化，然后观察处理时间和GPU利用率的变化。

通过DeepSeek的智能性能分析，开发人员能够快速、精准地识别和解决各种性能瓶颈，无论是传统应用还是新兴的技术领域。通过结合人工智能分析和专业知识，DeepSeek真正实现了性能优化过程的智能化和高效化，让性能问题不再是开发过程中的绊脚石。

4.4　预测性错误防范与监控

在软件开发过程中，Bug不仅仅是需要被修复的问题，更是可以被预测和预防的问题。传统的调试思路往往是"等待Bug发生，然后解决"。这种被动的方式不仅影响用户体验，还会增加开发团队的压力和项目成本。预测性错误防范则是一种前瞻性的策略，通过智能分析代码和运行时行为，在问题实际发生前就预测可能的故障点并采取措施。

DeepSeek作为智能编程助手，在这一领域具有独特的优势。它能够通过分析代码模式、历史Bug记录，以及系统运行状态来预测可能出现的问题，并提前提供改进建议。这种"未卜先知"的能力使得开发团队能够从被动修复转向主动预防，大幅降低线上故障的发生率。

代码气味（Code Smell）检测是DeepSeek预测性错误防范的基础功能。所谓代码气味，是指那些虽然不会导致功能错误，但可能埋下隐患的代码模式。例如下面这个简单的Node.js服务代码片段。

```
function processUserData(userData) {
  // 处理用户数据
  const result = someComplexOperation(userData);
  return result;
}
app.post('/api/users', (req, res) => {
  const userData = req.body;
  const result = processUserData(userData);
  res.json({ success: true, data: result });
});
```

DeepSeek分析后指出："这个API端点存在一些潜在的性能和安全问题。"优化建议如图4-17所示。

潜在并发问题预测是DeepSeek的另一大强项。在多线程或分布式环境中，并发问题往往难以在开发测试阶段被发现，但可能在生产环境中造成严重后果。例如，下面这段Java代码。

1. 添加输入验证：

JS users.js 应用

```
// ... existing code ...

function validateUserData(userData) {
    if (!userData || typeof userData !==
    'object') {
        throw new Error('Invalid user
        data');
    }
    // 添加更多具体的验证规则
}

// ... existing code ...
```

2. 添加错误处理：

JS users.js 应用

```
// ... existing code ...

app.post('/api/users', async (req, res)
=> {
    try {
        const userData = req.body;
        validateUserData(userData);
```

图 4-17　代码气味优化建议

```
public class UserCounter {private static int activeUsers = 0;
    public static void userLoggedIn() {activeUsers++;}
    public static void userLoggedOut() { activeUsers--;}
    public static int getActiveUsers() {return activeUsers;}}
```

DeepSeek会指出以下问题。

> 这个 UserCounter 类用于跟踪活跃用户数量，但存在一些潜在的问题，以下是具体分析。
>
> ①缺乏线程安全，在多线程环境下可能导致计数不准确；
>
> ②没有处理用户重复登录/登出的情况；
>
> ③缺少最小值的校验，可能导致负数。

DeepSeek会建议先实施线程安全改进，然后观察系统表现。如果问题持续，可能需要进一步分析用户登录/退出流程。

内存泄漏预警是另一种重要的预测性功能。下面分析一个React组件代码。

```
function DataChart({ data }) {
  useEffect(() => {
    const chartLibrary = window.ChartLibrary;
    const chart = chartLibrary.create('#chart-container');
    chart.setData(data);
    chart.render();
    // 组件卸载时缺少清理代码
  }, [data]);
    return <div id="chart-container"></div>;
}
```

DeepSeek会提示：“这个DataChart组件存在内存泄漏的风险，因为它在组件卸载时没有清理图表实例。”优化建议如图4-18所示。

资源耗尽预测是保障系统稳定性的关键。接下来分析以下数据库连接代码。

```
def get_user_data(user_id):
    conn = create_database_connection()
    cursor = conn.cursor()
    cursor.execute("SELECT * FROM users WHERE id = %s", (user_id,))
    result = cursor.fetchall()
    return result
```

DeepSeek会警告并建议先实施资源管理和异常处理，然后观察系统的表现。

> 这个 get_user_data 函数存在一些潜在的问题，以下是具体分析。
>
> ①数据库连接和游标没有正确关闭，可能导致资源泄漏；
>
> ②没有处理数据库操作可能抛出的异常；
>
> ③查询结果没有进行空值处理。

边缘情况预测是DeepSeek的特色功能。它能够识别开发人员容易忽视的特殊输入或条件，例如在处理用户输入的函数时出现异常。

```
function calculateDiscount(price, discountPercentage) {
  const discount = price * (discountPercentage / 100);
  return price - discount;}
```

DeepSeek会给出以下分析。

> 这个calculateDiscount函数用于计算折扣后的价格，但存在一些潜在的问题，以下是具体分析。

> ① 缺少输入参数验证，可能导致错误结果；
> ② 没有处理边界情况（如负值）；
> ③ 返回结果可能包含多位小数。

DeepSeek给出的建议优化方案如图4-19所示。

图 4-18　内存泄漏问题的优化方案

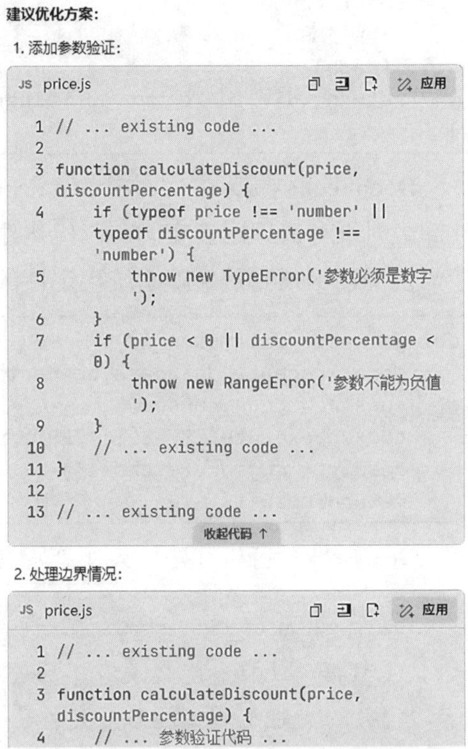

图 4-19　边缘情况预测优化方案

除了静态代码分析，DeepSeek还能结合运行时的监控数据进行预测。通过分析系统日志和性能指标，它可以识别出潜在的故障模式。例如，某个微服务系统的监控数据显示如下。

```
[2023-11-20 08:15:30] CPU Usage: 45%, Memory: 60%, API Response Time: 120ms
[2023-11-20 09:15:30] CPU Usage: 48%, Memory: 65%, API Response Time: 135ms
[2023-11-20 10:15:30] CPU Usage: 52%, Memory: 72%, API Response Time: 150ms
[2023-11-20 11:15:30] CPU Usage: 58%, Memory: 80%, API Response Time: 180ms
```

DeepSeek分析后指出存在以下问题。

> 从监控数据来看，系统资源使用率和API响应时间呈现逐渐上升的趋势，可能存在以下问题。
>
> ①CPU使用率从45%上升到58%，增长明显；
>
> ②内存使用率从60%上升到80%，接近警戒线；
>
> ③API响应时间从120ms增加到180ms，性能下降50%。

DeepSeek建议先实施性能监控和缓存机制，然后观察系统的表现。如果问题持续，可能需要进一步分析API调用模式和数据库查询性能。

智能异常模式识别是DeepSeek的高级功能之一。通过分析历史故障数据，它能够识别出特定的错误模式及其前兆。例如，分析一组数据库超时错误日志如下。

```
[2023-11-15 14:30:45] Error: Database query timeout after 3000ms
[2023-11-15 14:35:12] Error: Database query timeout after 3500ms
[2023-11-15 14:40:33] Error: Database query timeout after 4200ms
```

DeepSeek会进行如下分析。

> 从日志来看，数据库查询存在严重的超时问题，且超时时间逐渐增加，以下是问题分析。
>
> ① 查询执行时间超过3s，且呈上升趋势；
>
> ② 可能是由于查询效率低或数据库负载过高；
>
> ③ 需要优化查询和数据库配置。

DeepSeek建议先实施查询优化和数据库配置调整，然后观察查询执行时间的变化。如果问题持续，可能需要进一步分析数据库负载和查询执行计划。

性能退化预警是维持系统长期健康的关键。DeepSeek能够通过比较代码变更前后的性能指标，预测某些改动可能导致的性能影响。例如，分析一个PR（Pull Request）中的代码变更。

```
- const userIds = users.map(user => user.id);
- const activeUsers = await User.findAll({ where: { id: userIds, status:
'active' } });
+ // 改为逐个查询以获取更详细信息
+ const activeUsers = [];
+ for (const user of users) {
+   const userData = await User.findOne({ where: { id: user.id } });
+   if (userData.status === 'active') {
+     activeUsers.push(userData);
```

```
+    }
+ }
```

DeepSeek会警告：“这个修改将批量查询改为逐个查询，虽然可以获取更详细的信息，但会显著降低性能，以下是优化建议。”（见图4-20）。

1. 保持批量查询，同时获取详细信息：

```javascript
const userIds = users.map(user => user.id);
const activeUsers = await User.findAll({
    where: { id: userIds, status: 'active' },
    include: [/* 需要包含的关联模型 */]
});
```

2. 如果确实需要逐个查询，建议使用Promise.all：

```javascript
const activeUsers = await Promise.all(
    users.map(async user => {
        return await User.findOne({
            where: { id: user.id, status: 'active' },
            include: [/* 需要包含的关联模型 */]
        });
    })
).then(results => results.filter(Boolean));
```

图 4-20　性能退化优化建议

错误预防的另一个关键环节是建立有效的监控系统。DeepSeek能够根据应用的特点，自动生成合适的监控指标和告警阈值。例如，对于一个典型的Web应用，DeepSeek会建议监控以下关键指标。

- 响应时间（平均值、95百分位、99百分位）
- 错误率（5xx错误、4xx错误）
- 系统资源（CPU使用率、内存使用率、磁盘I/O）
- 业务指标（活跃用户数、交易成功率）
- 依赖服务健康状况（数据库响应时间、第三方API可用性）

同时，DeepSeek还能根据历史数据自动建议合理的告警阈值，避免过多的误报或漏报。

预测性错误防范的最终目标是建立自愈系统。在这一阶段，系统不仅能预测问题，还能自动执行修复动作。例如，当DeepSeek预测到内存泄漏可能导致服务崩溃时，系统可以自动安排一次服务重启；当检测到数据库连接池接近饱和时，可以自动扩展资源或触发流量控制机制。

预测性错误防范不是一蹴而就的，而是一个持续改进的过程。随着更多的数据累积和模型训练，DeepSeek的预测能力会不断提升。开发团队也可以根据实际情况调整预测策略，找到最适合自己项目的错误防范方法。

通过DeepSeek的预测性错误防范能力，开发团队可以从根本上转变故障处理的思路，从被动应对转向主动预防，大幅提高软件质量和系统可靠性。这不仅能降低运营成本，还能带来更好的用户体验和更高的团队士气。在现代软件开发中，预测性错误防范已经成为高效开发团队的必备能力。

4.5　实战案例：分布式系统故障排查，定位崩溃的根本原因

分布式系统因其复杂性和组件间的相互依赖关系，往往会出现难以诊断的故障。当一个由数十个甚至上百个服务组成的系统出现问题时，定位出现问题的根本原因犹如大海捞针。传统的故障排查方法通常依赖开发人员逐一检查日志和监控数据，这不仅耗时耗力，还容易受到主观经验的限制，导致误判或遗漏真正的问题根源。

DeepSeek的分布式系统故障诊断能力可以彻底改变这一局面。它能通过关联各个服务的日志、性能指标和跟踪数据，构建出故障发生时的全景图，并使用先进的因果推理算法定位发生故障的根本原因。这就像拥有了一位经验丰富的系统架构师，能够迅速透过复杂的表象，直指问题核心。

某在线零售系统在促销季期间遇到了严重的系统不稳定问题。用户报告下单后支付成功，但没有收到订单确认，客服系统也无法查询到相关订单。该系统运行着超过50个微服务，包括用户服务、商品服务、订单服务、支付服务、库存服务等，人工排查进度缓慢。接下来，我们就来使用DeepSeek进行高效且准确的故障排查。

步骤1：使用DeepSeek进行数据分析。

将所有数据提供给DeepSeek进行分析。这些数据包括各个服务的应用日志、系统监控指标、分布式追踪数据及用户报错信息。通过综合分析这些数据，

DeepSeek首先构建了故障发生时的系统状态图，然后使用因果分析算法确定了故障的传播路径。

根据分布式追踪日志，DeepSeek发现订单创建请求通过正常路径到达了订单服务，订单服务也成功将数据写入了数据库，但在尝试发送订单创建事件到消息队列时出现了问题，问题日志如下。

```
[2023-12-01 14:32:15.123] [OrderService] [INFO] Received order creation request for user_id=12345, items=[{id:789, qty:2}, {id:456, qty:1}]
[2023-12-01 14:32:15.156] [OrderService] [INFO] Order validation passed for order request #98765
[2023-12-01 14:32:15.234] [OrderService] [INFO] Successfully created order #98765 in database
[2023-12-01 14:32:15.235] [OrderService] [INFO] Sending order created event to message queue
[2023-12-01 14:32:18.356] [OrderService] [ERROR] Failed to publish message to queue: connection timeout after 3000ms
[2023-12-01 14:32:18.357] [OrderService] [WARN] Order #98765 created but notification failed, adding to retry queue
```

与此同时，多个服务的日志中都出现了类似的消息队列连接问题。

```
[2023-12-01 14:31:58.123] [InventoryService] [ERROR] Failed to consume message: connection reset
[2023-12-01 14:32:05.456] [NotificationService] [ERROR] Message broker connection lost, attempting to reconnect (attempt 3)
[2023-12-01 14:32:10.789] [PaymentService] [ERROR] Cannot publish payment confirmation: broker unreachable
```

通过分析系统监控指标，DeepSeek注意到消息队列服务的CPU和内存使用突然飙升，然后急剧下降，这通常是服务崩溃的特征。

```
[2023-12-01 14:30:45] [MessageQueueCluster] CPU: 45%, Memory: 60%, Active Connections: 120
[2023-12-01 14:31:00] [MessageQueueCluster] CPU: 68%, Memory: 72%, Active Connections: 145
[2023-12-01 14:31:15] [MessageQueueCluster] CPU: 82%, Memory: 85%, Active Connections: 178
[2023-12-01 14:31:30] [MessageQueueCluster] CPU: 95%, Memory: 92%, Active Connections: 210
[2023-12-01 14:31:45] [MessageQueueCluster] CPU: 15%, Memory: 30%, Active Connections: 5
```

进一步查看消息队列服务的详细日志后，DeepSeek发现了根本原因。

```
[2023-12-01 14:31:40.123] [MessageQueue] [WARN] Queue 'order_events' message count exceeds 1,000,000, broker throttling enabled
[2023-12-01 14:31:42.456] [MessageQueue] [ERROR] Java heap space error - not enough memory for queue operation
[2023-12-01 14:31:42.789] [MessageQueue] [ERROR] Exception in thread "main" java.lang.OutOfMemoryError: Java heap space
[2023-12-01 14:31:42.790] [MessageQueue] [ERROR] Broker shutting down due to critical error
```

步骤2：DeepSeek提供故障分析。

基于这些信息，DeepSeek提供了以下故障分析："①消息队列积压严重（超过100万条消息）；②Java虚拟机配置的内存不足；③系统无法及时处理消息，导致内存耗尽。"

DeepSeek给出的建议采取如图4-21所示的措施。

这种精确的分析能够为开发人员采取行动提供方向。通过增加消息队列服务的内存配置，重启了服务，并编写脚本，重新处理积压的订单。系统很快恢复了正常运行。

分布式系统的另一个常见挑战是级联故障，即一个组件的故障触发连锁反应，导致多个服务异常。某电商应用在"黑色星期五"促销期间经历了一次灾难性的级联故障。该事件始于早上8点，当购物量开始激增时，用户突然无法访问网站，移动应用也频繁崩溃。

通过将所有服务的日志和监控数据提供给DeepSeek分析，DeepSeek首先整理出了故障发生的时间线，然后针对不同服务的异常状态进行了关联分析。通过观察各个错误发生的先后顺序和模式，DeepSeek构建了一个故障传播图，

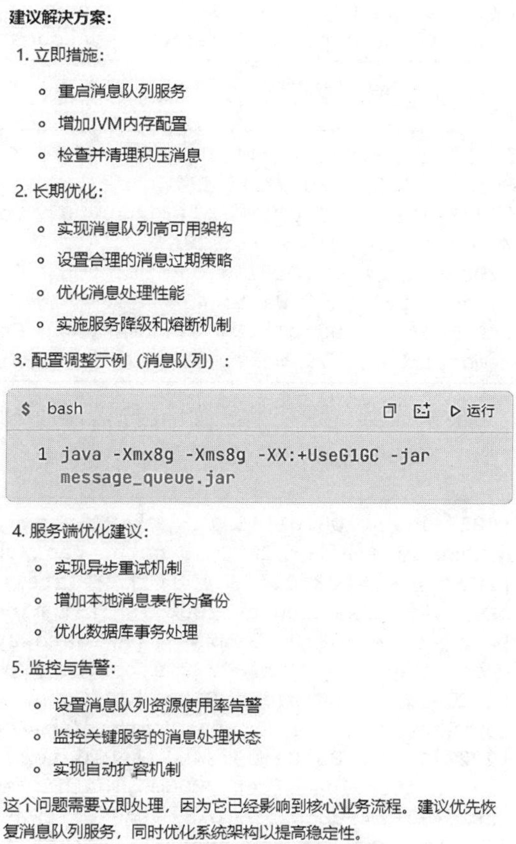

图4-21 分布式系统故障分析建议的解决方案

显示了问题是如何从一个服务蔓延到整个系统的。

用户认证服务的日志显示了故障的最初迹象。

```
[2023-11-24 07:58:32.123] [AuthService] [INFO] Current active sessions: 12,500
[2023-11-24 07:59:01.456] [AuthService] [INFO] Current active sessions: 15,800
[2023-11-24 07:59:30.789] [AuthService] [INFO] Current active sessions: 20,300
[2023-11-24 08:00:00.012] [AuthService] [INFO] Current active sessions: 25,700
[2023-11-24 08:00:30.345] [AuthService] [WARN] Session creation rate exceeding normal threshold, current rate: 180/sec
[2023-11-24 08:01:00.678] [AuthService] [ERROR] Database connection pool exhausted, waiting for available connection
[2023-11-24 08:01:05.901] [AuthService] [ERROR] Request timeout while waiting for database connection
[2023-11-24 08:01:10.234] [AuthService] [ERROR] Circuit breaker OPEN for database connections, rejecting requests
```

与此同时，数据库服务器的监控指标显示以下信息。

```
[2023-11-24 08:00:45] [PrimaryDB] Connections: 980/1000, CPU: 75%, Memory: 82%, I/O Wait: 15%
[2023-11-24 08:01:00] [PrimaryDB] Connections: 1000/1000, CPU: 92%, Memory: 85%, I/O Wait: 28%
[2023-11-24 08:01:15] [PrimaryDB] Connections: 1000/1000, CPU: 96%, Memory: 86%, I/O Wait: 45%
[2023-11-24 08:01:30] [PrimaryDB] Connections: 1000/1000, CPU: 98%, Memory: 86%, I/O Wait: 60%
```

很快，其他服务也开始报告错误，API网关的日志显示了请求失败的级联故障。

```
[2023-11-24 08:01:15.123] [APIGateway] [ERROR] Timeout connecting to AuthService after 2000ms, path: /api/authenticate
[2023-11-24 08:01:15.456] [APIGateway] [INFO] Failed authentication requests increased by 200% in last minute
[2023-11-24 08:01:30.789] [APIGateway] [ERROR] Timeout connecting to ProductService after 2000ms, path: /api/products/featured
[2023-11-24 08:01:45.012] [APIGateway] [ERROR] Timeout connecting to CartService after 2000ms, path: /api/cart/add
[2023-11-24 08:02:00.345] [APIGateway] [ERROR] Timeout connecting to CheckoutService after 2000ms, path: /api/checkout/init
[2023-11-24 08:02:15.678] [APIGateway] [WARN] Success rate dropped to 35%, implementing exponential backoff for all services
```

商品服务和购物车服务的日志也显示它们无法正常运行，因为它们依赖于认证服务来验证用户身份。

```
[2023-11-24 08:01:35.123] [ProductService] [ERROR] Failed to validate user session, AuthService returned status 503
[2023-11-24 08:01:40.456] [ProductService] [ERROR] Retry #1 to AuthService failed with status 503
[2023-11-24 08:01:45.789] [ProductService] [ERROR] Retry #2 to AuthService failed with status 503
[2023-11-24 08:01:50.012] [ProductService] [ERROR] Circuit breaker OPEN for AuthService, returning cached user data when available

[2023-11-24 08:01:38.345] [CartService] [ERROR] Failed to validate user session, AuthService returned status 503
[2023-11-24 08:01:43.678] [CartService] [ERROR] Cannot add item to cart without valid user session
[2023-11-24 08:01:48.901] [CartService] [ERROR] Retry mechanism failed after 3 attempts, reject rate: 95%
```

步骤3：确认故障链。

通过对这些日志和指标的关联分析，DeepSeek确定了以下级联故障链：①认证服务成为系统瓶颈，导致级联故障；②数据库连接池和资源耗尽是直接原因；③系统缺乏有效的限流和降级机制；④服务间的依赖关系导致故障扩散。这是一个典型的由于认证服务过载导致的系统级联故障，DeepSeek提供了建议的解决方案（见图4-22）。

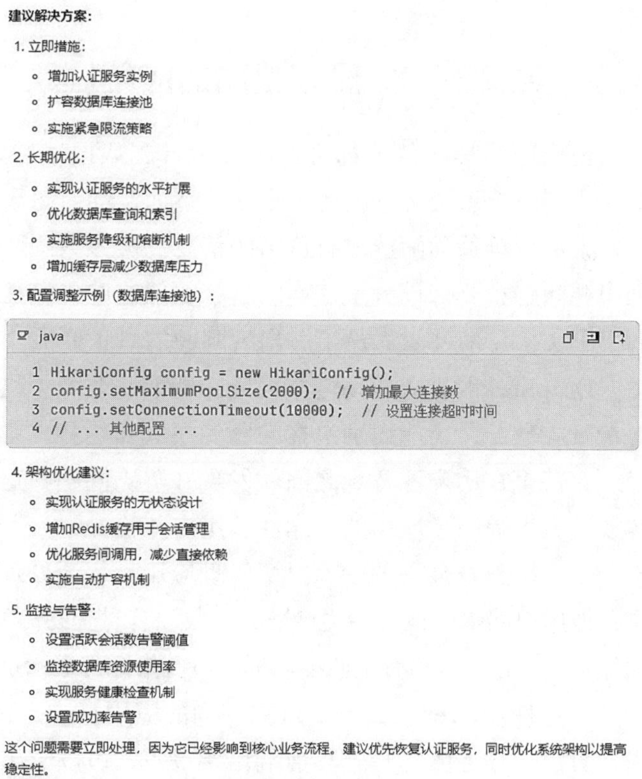

图4-22 级联故障链修复方案

根据DeepSeek的分析和建议，首先增加了认证服务的数据库连接池上限，并重启了服务。为了防止再次出现问题，随后临时增加了认证服务的实例数量，分散了负载。采用这些措施后，很快便稳定了系统，用户能够再次访问网站和应用程序。

这个案例展示了分布式系统中出现级联故障的复杂性，以及DeepSeek如何通过综合分析多个服务的日志和指标，快速识别发生故障的根源和传播路径。如果没有DeepSeek的帮助，确定发生故障的确切原因可能需要数小时甚至数天，而系统恢复将更加困难和缓慢。

随着分布式系统越来越复杂，手动故障排查的难度逐渐增加。DeepSeek通过其强大的数据关联和因果分析能力，可以在几分钟内完成人工可能需要数小时甚至数天的分析工作。它不仅能够处理明显的错误模式，还能发现那些微妙的、间歇性的问题，这些问题通常最难诊断又最具破坏性。

利用DeepSeek进行分布式系统故障排查，不仅能够快速恢复服务，还能从根本上理解和解决问题，防止类似故障再次发生。在当今复杂的技术环境中，这种能力已经成为高效运维团队的必备能力。

4.6 实战案例：日志驱动的应用健康诊断

现代应用程序每天都会产生海量日志数据，这些数据就像应用的“健康记录”，记录着系统运行的各个方面。然而，面对每天可能产生的数百万行日志，开发人员很难手动筛选出有价值的信息。大多数团队要么根本不去查看日志，直到出现问题；要么设置了基本的告警，但这些告警往往过于简单，不能提供足够的上下文信息使开发人员了解出现问题的真正原因。

DeepSeek的日志驱动健康诊断功能彻底改变了这种状况。它不仅能自动分析海量日志数据，还能识别潜在问题的模式和趋势，主动提醒开发团队可能存在的隐患，甚至在用户注意到之前就发现并解决问题。这种从被动响应到主动预防的转变，大大提高了应用的可靠性和用户体验。

某金融科技公司的一个投资管理应用，每天处理数百万笔交易。应用运行正常，但用户偶尔会报告一些奇怪的现象，有时交易需要很长时间才能完成，有时数据显示不一致。但检查了监控面板，所有指标都显示正常，也没有触发各种告警。

通过使用DeepSeek分析过去一周的应用日志，包括API服务器日志、数据库操作日志、任务队列日志和前端错误报告，可以给出准确的健康诊断。

步骤1：处理日志。

DeepSeek首先对日志进行了分类和结构化处理，然后运用自然语言理解和模式识别算法分析日志内容和时间序列特征。很快，它识别出了几个潜在的问题模式，包括一个特别值得关注的问题。

```
[2023-10-15 09:32:14.567] [INFO] [TransactionService] Processing
transaction #TRX-1234567 for user_id=8901
[2023-10-15 09:32:14.589] [INFO] [TransactionService] Validating
transaction details
[2023-10-15 09:32:14.615] [INFO] [TransactionService] Transaction
validated successfully
[2023-10-15 09:32:14.620] [INFO] [TransactionService] Submitting
transaction to processing queue
[2023-10-15 09:32:14.625] [INFO] [QueueService] Received transaction
#TRX-1234567 for processing
[2023-10-15 09:32:14.630] [INFO] [QueueService] Transaction #TRX-1234567
queued successfully
[2023-10-15 09:32:14.635] [INFO] [TransactionService] Transaction #TRX-
1234567 queued for processing
[2023-10-15 09:32:14.640] [INFO] [WorkerService] Processing transaction
#TRX-1234567
[2023-10-15 09:32:14.655] [INFO] [WorkerService] Verifying available
funds
[2023-10-15 09:32:14.675] [INFO] [WorkerService] Funds verified
successfully
[2023-10-15 09:32:14.680] [INFO] [WorkerService] Processing market order
[2023-10-15 09:32:14.685] [INFO] [MarketService] Submitting order to
exchange
[2023-10-15 09:32:15.120] [INFO] [MarketService] Order submitted
successfully
[2023-10-15 09:32:15.125] [INFO] [WorkerService] Market order processed
successfully
[2023-10-15 09:32:15.130] [INFO] [WorkerService] Updating user account
[2023-10-15 09:32:15.145] [INFO] [DBService] Begin transaction
[2023-10-15 09:32:15.190] [WARN] [DBService] Slow query detected: UPDATE
user_accounts SET balance = balance - 5000 WHERE user_id = 8901 (execution
time: 40ms)
[2023-10-15 09:32:15.195] [INFO] [DBService] Commit transaction
[2023-10-15 09:32:15.200] [INFO] [WorkerService] User account updated
successfully
[2023-10-15 09:32:15.205] [INFO] [WorkerService] Sending confirmation
notification
[2023-10-15 09:32:15.215] [INFO] [NotificationService] Sending email
notification to user_id=8901
[2023-10-15 09:32:15.725] [INFO] [NotificationService] Email notification
sent successfully
```

```
[2023-10-15 09:32:15.730] [INFO] [WorkerService] Transaction #TRX-
1234567 completed successfully
```

这个交易流程看起来很正常，但DeepSeek发现了一个微妙的模式：在高峰时段（每天上午9:30至10:30和下午1:00至2:00），数据库更新操作的执行时间明显变长，日志中显示“Slow query detected”的警告明显增多。通过对一周内所有交易日志的分析，DeepSeek发现这种模式非常一致。

```
[2023-10-15 09:45:23.456] [ERROR] [WorkerService] Failed to update user
account for transaction #TRX-9876543: Deadlock detected
[2023-10-15 09:45:23.460] [INFO] [WorkerService] Retrying transaction
#TRX-9876543 (attempt 1)
[2023-10-15 09:45:23.560] [WARN] [DBService] Lock wait timeout: UPDATE
user_accounts SET balance = balance - 2500 WHERE user_id = 5432
[2023-10-15 09:45:23.565] [ERROR] [WorkerService] Retry failed for
transaction #TRX-9876543: Lock wait timeout
[2023-10-15 09:45:23.570] [INFO] [WorkerService] Scheduling transaction
#TRX-9876543 for delayed retry

[2023-10-15 09:46:03.123] [INFO] [WorkerService] Retrying transaction
#TRX-9876543 (attempt 2)
[2023-10-15 09:46:03.223] [INFO] [DBService] Begin transaction
[2023-10-15 09:46:03.278] [INFO] [DBService] Commit transaction
[2023-10-15 09:46:03.283] [INFO] [WorkerService] User account updated
successfully
[2023-10-15 09:46:03.288] [INFO] [WorkerService] Sending confirmation
notification
```

通过分析这些错误日志和它们的时间分布，DeepSeek发现了一个重要的模式：在高峰时段，有3%～5%的交易会遇到数据库锁定超时或锁死错误，导致交易处理延迟40～60ms。更重要的是，DeepSeek还发现了导致这些问题的根本原因。

```
[2023-10-15 09:32:15.145] [INFO] [DBService] Begin transaction
[2023-10-15 09:32:15.190] [WARN] [DBService] Slow query detected: UPDATE
user_accounts SET balance = balance - 5000 WHERE user_id = 8901 (execution
time: 40ms)
[2023-10-15 09:32:15.195] [INFO] [DBService] Commit transaction

[2023-10-15 09:32:15.346] [INFO] [ReportingService] Starting hourly
account balance aggregation
[2023-10-15 09:32:15.350] [INFO] [ReportingService] Running query:
SELECT SUM(balance) FROM user_accounts GROUP BY account_type
[2023-10-15 09:32:17.250] [INFO] [ReportingService] Hourly aggregation
completed (execution time: 1900ms)
```

DeepSeek注意到，每小时一次的统计报告生成任务正好在高峰交易时段运行，并且该任务执行了一个涉及用户账户表的大型聚合查询，这与交易处理使用的是同一张表。这种读写冲突导致了数据库锁争用，引发了锁死和超时问题。

步骤2：给出详细的系统运行情况报告。

基于这些发现，DeepSeek提出了详细的交易处理系统运行情况报告，发现了关键问题：①性能问题：用户账户更新查询较慢（40ms）、账户余额聚合查询耗时较长（1900ms）；②并发问题：检测到锁死（transaction #TRX-9876543）、锁等待超时（UPDATE user_accounts）；③重试机制：首次重试失败，第二次重试成功，并给出具体优化建议（见图4-23）。

具体优化建议：

1. 数据库索引优化示例：

```sql
CREATE INDEX idx_user_accounts_user_id ON user_accounts(user_id);
```

2. 重试机制实现示例：

```java
int retryCount = 0;
while (retryCount < MAX_RETRIES) {
    try {
        // 尝试执行操作
        break;
    } catch (DeadlockException e) {
        retryCount++;
        Thread.sleep(100 * (long) Math.pow(2, retryCount)); // 指数退避
    }
}
```

3. 慢查询优化建议：
   - 分析执行计划
   - 考虑批量更新
   - 优化WHERE条件

图4-23　日志驱动诊断修复方案

根据报告建议，优先解决数据库性能问题，同时优化重试机制，提高系统整体稳定性。

除了诊断具体问题，DeepSeek还能从日志中发现更广泛的应用健康趋势。某在线教育系统通过DeepSeek分析其视频流媒体服务的日志，发现了一个逐渐恶化的趋势。

```
[2023-09-01] Average video buffering events per session: 2.3
[2023-09-08] Average video buffering events per session: 2.5
[2023-09-15] Average video buffering events per session: 2.8
[2023-09-22] Average video buffering events per session: 3.2
[2023-09-29] Average video buffering events per session: 3.7
```

通过深入分析日志数据，DeepSeek发现视频缓冲事件与特定的内容分发网络（Content Delivery Network，CDN）节点有关。它还发现这些节点的响应时间在过去一个月中逐渐增加。

```
[2023-09-01] CDN node response time (99th percentile): 180ms
[2023-09-08] CDN node response time (99th percentile): 210ms
[2023-09-15] CDN node response time (99th percentile): 250ms
[2023-09-22] CDN node response time (99th percentile): 310ms
[2023-09-29] CDN node response time (99th percentile): 380ms
```

结合用户地域分布和网络路径追踪数据，DeepSeek确定某个CDN提供商的特定区域节点性能正在逐渐下降。这一发现使系统能够在用户体验严重受损之前切换到备用CDN提供商。

DeepSeek的日志驱动健康诊断提供了一种强大的自动化方法，可以从海量日志数据中提取有价值的见解，发现微妙的模式和趋势变化，并提供具体的改进建议。通过将AI分析与丰富的软件工程知识相结合，DeepSeek能够发现传统监控工具无法检测到的问题，帮助开发团队主动优化应用健康状况，而不是被动地响应故障。

最终，日志驱动的健康诊断使应用程序更加可靠、高效，并为用户提供更好的体验。DeepSeek从原本被忽视的日志数据中挖掘洞见，并将它们转化为实际的业务价值，证明了AI辅助调试在现代软件开发中的强大潜力。

第 5 章

Tabnine 个性化智能补全 AI 编程助手

5.1 Tabnine 代码补全与推荐机制

代码补全功能在编程过程中就像一个细心的助手，在开发人员输入代码的同时，实时预测并提供可能的下一行代码建议。传统的代码补全工具通常基于简单的规则和模式匹配，只能提供基本的语法补全或API调用建议。这样的工具虽然能提供一定的帮助，但往往无法理解代码的上下文和开发人员的意图，导致建议不够精准，甚至有时会分散开发人员的注意力。

Tabnine作为新一代智能编程工具，彻底改变了代码补全的游戏规则。它不仅仅是一个简单的自动补全工具，而且是一个基于先进人工智能技术的编程伙伴，能够理解代码的语义和结构，学习开发人员的编程风格和习惯，并提供高度个性化的代码建议。

Tabnine的核心基于大型语言模型（LLM）的补全引擎，这些模型经过对数百万个代码仓库的训练，掌握了各种编程语言、框架和库的使用模式。与传统代码补全工具相比，Tabnine不仅关注单个函数或变量的补全，还能根据上下文提供完整的代码块、函数实现和逻辑结构。这种深度理解代码的能力使Tabnine能够提供更加智能和实用的建议。

当开发人员开始编写一个新的函数时，Tabnine会分析已有的代码上下文，包括导入的库、已定义的变量和函数，以及项目中的其他代码文件。基于这些信息，Tabnine可以预测开发人员接下来可能要实现的功能，并提供相应的代码建议。例如，在编写一个处理用户数据的Web应用时，如果开发人员定义了一个名为validateUserInput的函数，那么Tabnine可能会建议一个完整的实现，包括验证电子邮件格式、检查密码强度和处理特殊字符等常见任务。

Tabnine的代码推荐机制不仅仅依赖于通用的编程模式，还会学习特定项目的风格和约定。当开发人员在一个项目中工作一段时间后，Tabnine会逐渐适应该项目的特定模式，例如命名约定、错误处理方式和代码组织结构。这种自适应学习能力使Tabnine的建议越来越符合项目的具体需求和风格要求。

举个例子，假设一个团队在他们的JavaScript项目中采用了特定的错误处理模式，所有的API调用都被封装在一个带有标准错误处理的try-catch块中。最初，Tabnine可能只提供一般的API调用代码。但随着时间的推移，它会观察到团队的特定模式，并开始推荐包含标准错误处理的完整代码块。这种适应能力大大提高了团队的开发效率和代码一致性（见图5-1）。

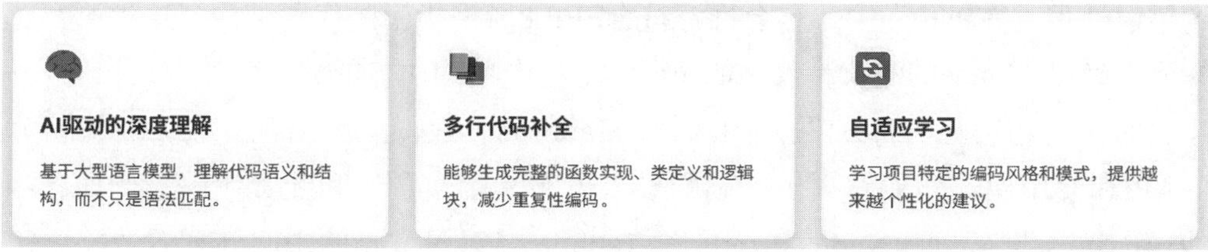

图 5-1　Tabnine 的核心特性（1）

Tabnine的另一个强大功能是上下文感知补全。它不仅关注当前函数或文件，还会考虑整个项目的上下文。例如，如果开发人员正在实现一个与数据库交互的函数，Tabnine会分析项目中数据库模型的定义，提供与这些模型字段相匹配的查询代码。这种全局视角使Tabnine能够提供更加相关和有用的建议，尤其是在大型的复杂项目中。

在实际编码过程中，Tabnine的工作方式非常直观。当开发人员输入代码时，Tabnine会在编辑器中实时显示灰色的建议文本。开发人员可以通过按下Tab键或其他设定的快捷键来接受这些建议，也可以继续输入，忽略建议。这种非侵入式的设计确保了Tabnine成为编程助手而不是干扰者，使开发人员始终保持对代码的控制权。

Tabnine的补全建议不仅限于单行代码。它能够提供多行甚至多函数的补全，这在处理复杂逻辑或重复模式时特别有用。例如，当开发人员开始编写一个RESTful API端点时，Tabnine可能会建议包含参数验证、业务逻辑处理和响应格式化的完整实现。这种能力极大地减少了样板代码的编写，让开发人员能够专注于独特的业务逻辑。

在团队环境中，Tabnine的优势更加明显。它可以配置为学习团队的共享代码库，从而提供符合团队编码标准和最佳实践的建议。新团队成员可以通过Tabnine快速熟悉项目的编码风格和模式，加速融入团队的过程。团队负责人还可以通过Tabnine促进代码一致性和最佳实践的采用，提高整体代码质量。

在实际使用中，当开发人员开始编写一个新的React组件时，Tabnine可能会根据项目中其他组件的结构提供完整的组件模板，包括导入语句、组件定义、状态管理和生命周期方法。这样的建议不仅节省时间，还确保了组件结构的一致性，符合项目的最佳实践。

Tabnine的推荐机制也会考虑编程语言的特定特性和常见陷阱。例如，在处理JavaScript异步操作时，Tabnine会建议使用Promise或async/await模式，并包含适当的错误处理。在Python中，它会推荐符合PEP 8风格指南的代码结构。这种语言感知能力确保Tabnine的建议不仅功能正确，还符合编程语言的惯用表达方式。

对于使用第三方库和框架的场景，Tabnine表现得尤为出色。它了解流行库的API和使用模式，能够提供准确的导入语句、函数调用和配置代码。例如，当使用Express框架创建Node.js应用时，Tabnine会建议常见的中间件配置、路由定义和错误处理结构。这种能力使得学习和使用新工具变得更加容易，大大降低了开发人员的学习曲线。

Tabnine的私有化训练功能是其最具价值的特性之一，尤其是对于拥有专有代码库的企业和组织。企业版Tabnine可以在组织的私有环境中进行训练，基于内部代码库学习特定的编程模式和业务逻辑。这确保了Tabnine的建议高度相关且符合组织的特定需求，同时保护了代码的机密性和知识产权（见图5-2）。

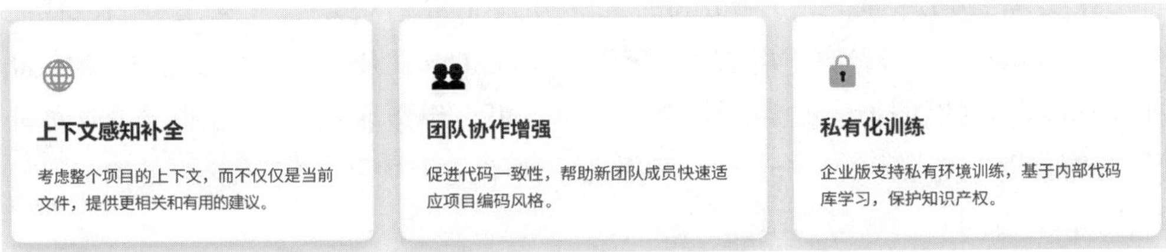

图 5-2　Tabnine 核心特性（2）

从实用角度看，Tabnine与所有主流集成开发环境（IDE）和代码编辑器兼容，包括Visual Studio Code、IntelliJ IDEA、PyCharm和Sublime Text等。安装过程通常只需几分钟，开发人员可以立即开始使用，无须复杂的配置或训练过程。随着使用时间的增加，Tabnine会自动学习和适应，其建议质量会不断提高。

Tabnine的代码补全和推荐机制代表了编程工具的未来，它将人工智能的力量无缝融入开发流程，创造了一种更加智能、高效和人性化的编程体验。通过减少重复劳动、避免常见错误并促进最佳实践，Tabnine不仅提高了开发效率，还提升了代码质量，让编程过程变得更加愉快和富有成效。对于从初学者到资深开发人员来说，Tabnine都是提升编程体验和生产力的绝佳工具。

5.2　让 AI 学会你的风格：个性化训练方法

在编程世界中，每位开发人员都有独特的编码风格和习惯，就像每个人的笔迹一样独特。有些开发人员喜欢简洁的代码，有些则偏好详尽的注释；有些人习惯于函数式编程风格，而另一些人则更倾向于面向对象的方法。这些个人偏好和习惯共同构成了开发人员的“编码指纹”。传统的代码补全工具无法识别和适应这些个人差异，通常提供相同的通用建议给所有用户，这就像一个不了解你口味的厨师，总是按照标准菜谱烹饪。

Tabnine的个性化训练（见图5-3和图5-4）功能彻底改变了这种状况。它能够观察、学习并适应开发人员的独特编码风格，提供量身定制的代码建议，就像一位了解主人口味的私人厨师。这种个性化能力不仅提高了建议的准确性和实用性，还使开发过程更加流畅自然，让编程体验达到前所未有的舒适度。

个性化训练在Tabnine中是自然且持续的过程。当开发人员开始使用这个工具时，它会在后台默默观察编码模式。随着使用时间的增加，Tabnine的建议会变得越来越贴合开发人员的风格。例如，如果开发人员习惯使用特定的命名规则，如camelCase或snake_case，Tabnine会识别这种模式并调整其建议。同样，如果开发人员倾向于编写详细的注释或偏好某种错误处理方式，Tabnine也会学习并反映这些偏好。

加速个性化训练过程有几种有效的方法。首先，开发人员可以直接在已有项目中使用Tabnine。现有的代码库包含大量编码风格和模式的案例，为Tabnine提供了丰富的学习材料。将Tabnine指向开发人员日常工作的代码库，可以让它快速理解该开发人员的编码习惯和项目的特定需求（见图5-3）。

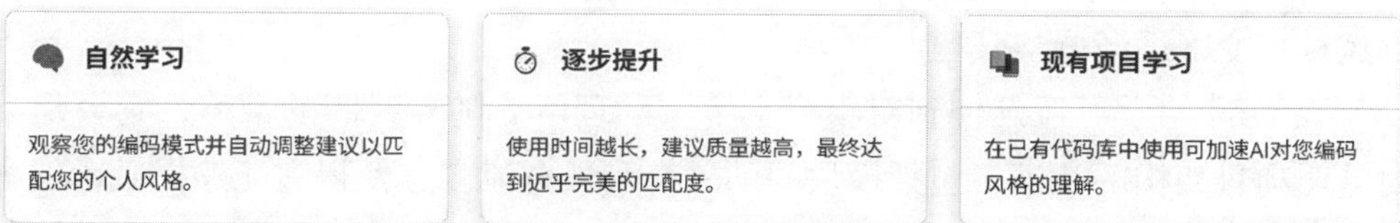

图 5-3　个性化训练过程（1）

其次，在使用Tabnine时，开发人员可以有意识地接受或拒绝其建议，以引导其学习方向。当Tabnine提供符合个人风格的建议时，接受这些建议会强化这种模式；而当建议不符合预期时，拒绝并手动输入首选代码会帮助Tabnine了解开发人员的偏好。这种反馈机制使得Tabnine能够不断调整和改进其建议。

对于团队环境，Tabnine提供了团队训练功能，可以基于整个团队的代码库进行学习。这种方式特别适合需要保持编码风格一致的项目。例如，在一个大型企业应用中，团队可能有特定的错误处理、日志记录和数据验证模式。通过团队训练，Tabnine会学习这些共享模式，并向所有团队成员提供一致的建议，帮助新成员快速适应团队风格，确保代码基础的连贯性。

Tabnine的企业版提供了更高级的个性化训练选项，包括私有云训练、自定义模型调整和项目特定的知识库集成。这些功能使得Tabnine可以适应各种特殊需求，如内部框架、专有API和行业特定术语。例如，一家医疗软件公司使用私有云训练让Tabnine学习医疗术语和HIPAA合规代码模式，大大提高了领域特定代码的生成质量。

对于全栈开发人员，Tabnine能够为不同编程语言和框架学习不同的风格偏好。例如，它可以学会在前端React代码中使用函数式编程风格，而在后端Python代码中采用更面向对象的方法。这种多语言适应能力使Tabnine成为多技术栈环境中的理想助手。

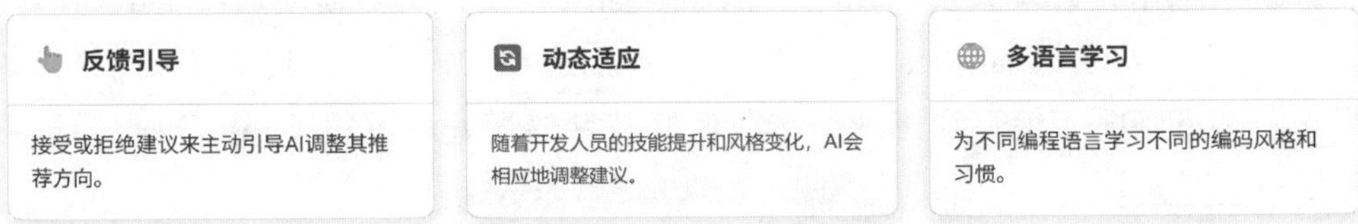

图 5-4　个性化训练过程（2）

个性化训练也考虑到了开发人员风格的演变。开发人员随着技能的提升和最佳实践的变化，也会相应地调整编码习惯，Tabnine也能够适应这种变化，不断更新其理解。如果开发人员开始采用新的设计模式或框架特性，Tabnine会注意到这种转变，逐渐调整其建议。

Tabnine的学习还延伸到对项目上下文的理解。随着时间的推移，它会建立对整个项目架构的认识，包括模块间的关系和数据流。这使得它能够提供考虑全局的建议，而不仅仅是局部代码片段。当开发人员开始实现新功能时，Tabnine可能会建议包含与现有系统集成所需的代码，确保新功能与项目整体协调一致。

通过这种深度个性化，Tabnine创造了一种独特的编程体验。它不是简单地提供预制的代码片段，而是成为一个能够理解并放大开发人员编码风格的伙伴。这种人机协作代表了AI辅助编程的未来，AI并不是取代人类，而是通过减少重复工作和提供符合个人风格的建议，让开发人员能够专注于更具挑战性和创新性的任务。

5.3　AI 保持团队代码风格统一的方法

在软件开发团队中，统一代码风格（见图5-5和图5-6）是构建可维护系统的关键要素之一。传统任务中，团队通过编码规范文档、代码审查和自动化检查工具来维持代码风格的一致性，但这些方法往往依赖于手动执行和主观判断，容易出现不一致和遗漏。Tabnine作为AI编程工具，提供了一种更智能、自动化的方式来保持团队代码风格的统一。

Tabnine的团队训练功能允许AI基于整个团队的代码库学习共同的编码规范和模式。这种学习不局限于表面的格式规则，还包括更深层次的编码惯例，如错误处理策略、命名约定、架构模式和文档风格。通过分析团队现有的代码库，Tabnine能够提取出这些隐含的规则和模式，并将其应用到新代码建议中。

设置团队代码风格统一的第一步是选择代表团队最佳实践的代码库进行训练。在理想的情况下，这些代码应该是经过团队审查和认可的，体现了团队当前采用的编码标准。通过Tabnine的团队管理界面，管理员可以指定这些代码库，并启动初始训练过程。训练完成后，团队成员安装Tabnine并连接到团队账户后，就能接收基于团队风格的代码建议。

团队风格训练的一个关键优势是对新成员的快速引导。传统上，新开发人员需要花费数周甚至数月的时间来理解和适应团队的编码风格。借助Tabnine，新成员从第一天开始就能接收符合团队标准的代码建议，大大缩短了适应期。这不仅提高了新成员的生产力，还减轻了资深团队成员在代码审查中纠正风格问题的负担。

Tabnine还提供风格一致性的持续强化。即使是经验丰富的团队成员，也可能偶尔忘记遵循某些编码约定。Tabnine通过始终如一地建议符合团队风格的代码，帮助所有开发人员保持一致性。这种温和的提醒比事后的代码审查评论更有效，也更不容易引起防御反应。

例如，Tabnine在微服务架构中，采用统一错误处理和日志记录模式。在需要详细记录所有操作以满足审计要求的情况下，不同服务之间的日志格式逐渐出现了不一致。通过训练Tabnine了解公司标准的日志模式，所有开发人员开始接收包含一致日志结构的代码建议，这显著提高了日志质量和风格一致性。

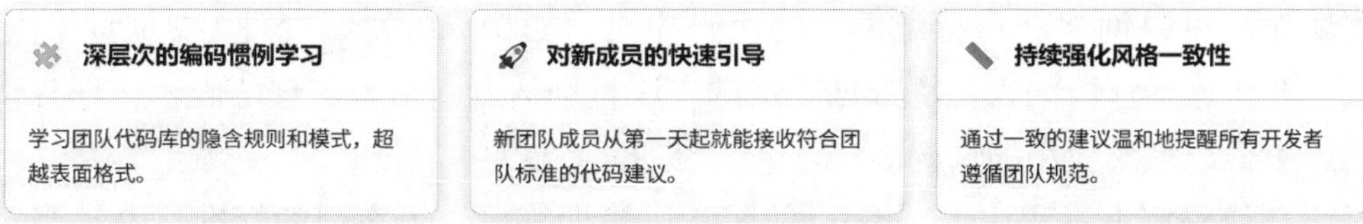

图 5-5　统一团队代码风格（1）

团队风格统一特别适用于具有严格规范的行业，如医疗、航空和金融。这些领域通常有特定的代码要求和合规标准。通过将这些标准纳入Tabnine的训练数据，团队可以确保所有新代码默认符合相关规范，从而降低不合规的风险。

Tabnine的团队风格训练也支持多语言和多框架环境。在全栈开发团队中，前端和后端可能使用不同的编程语言和框架，每种都有其特定的最佳实践。Tabnine能够识别并学习这些与上下文相关的规范，为不同类型的代码提供相应的风格建议。例如，在React组件中推荐使用函数式编程方法，而在Java服务中建议采用面向对象的模式。

团队风格训练不仅关注代码风格，还能识别更复杂的架构模式。如果团队采用特定的设计模式或架构约定，如仓储模式、CQRS或微服务通信协议，Tabnine会学习这些模式，并在相关上下文中提供符合架构的代码建议。这有助于确保新功能与现有系统架构保持一致，避免架构漂移。

Tabnine的企业版还提供团队风格分析报告，帮助开发人员识别代码库中不一致的风格和潜在改进点。这些分析可以指导团队讨论和决策，推动编码标准的持续改进。例如，报告可能显示团队在错误处理方面存在3种不同的模式，促使团队选择并统一采用最佳实践。

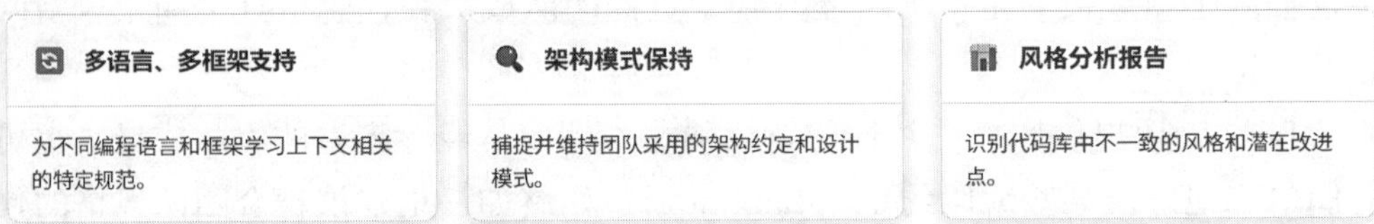

图 5-6　统一团队代码风格（2）

为了保持团队风格的演进，Tabnine提供了定期重新训练的选项。随着项目的发展，团队的编码标准可能会改变——采用新框架、更新最佳实践或改进错误处理策略。通过定期重新训练，Tabnine能够捕捉这些变化，确保其建议始终反映团队当前的风格偏好。

除了被动学习现有代码，Tabnine也支持通过显式示例添加特定风格规则。团队领导可以创建展示特定模式的代码片段，如特殊的错误处理方式或文档格式，并将这些片段纳入训练数据。这种方法特别适合新引入的规范尚未在现有代码库中得以广泛应用的情况。

在代码审查过程中，Tabnine的团队风格训练提供了客观的标准参考。当对风格选择存在分歧时，团队成员可以参考Tabnine的建议，减少主观判断导致的争议。这不仅加速了代码审查过程，还促进了更具建设性的技术讨论，因为注意力从风格细节转向了功能实现和架构决策。

Tabnine还能够识别和保留团队特有的领域术语和命名约定。在特定业务领域，团队可能有约定俗成的术语用于描述核心概念。例如，电子商务应用可能使用特定术语如“Cart”“Checkou”“Fulfillment”。Tabnine会学习这些术语的使用模式，确保变量和函数的命名保持一致，从而增强代码的可读性。

通过结合个性化和团队风格的训练，Tabnine在个人偏好和团队标准之间取得了平衡。它允许开发人员在不违反团队基本规范的前提下保留一定的个人风格，从而创造既一致又灵活的编码环境。这种平衡对于保持团队凝聚力和开发人员的满意度至关重要。

借助Tabnine的AI驱动，统一团队风格，团队可以实现代码质量和一致性的自动化维护，减少在风格问题上的争论和审查时间，将更多精力集中在解决业务问题和创新上。这不仅提高了开发效率，还增强了代码的可读性和可维护性，为团队项目的长期维护奠定了坚实基础。

5.4　实战案例：私有代码库知识整合技巧

将公司内部代码库的知识教给Tabnine，可以让这个AI助手更好地了解团队的项目和编码方式。这就像给新员工提供公司内部培训，让AI学会团队的“方言”，而不仅仅是通用的编程语言。接下来将介绍私有代码库知识整合技巧（见图5-7和图5-8）。

步骤1：选择优质的训练代码。

首先，选择优质代码进行训练非常重要。应该选择团队中公认的好代码，例如核心功能模块、常用工具类和稳定的框架组件。避免使用临时编写的代码或已知有问题的旧系统代码，否则AI可能会养成不好的习惯。

其次，Tabnine提供了多种安全的集成方式。最基本的是本地训练，所有代码分析都在自己的电脑上完成，代码不会离开公司网络。对于较大的团队，可以选择在公司的服务器上部署Tabnine，这样既保证了安全性，又能使所有团队成员共享训练成果。

再次，数据安全控制是关键的考虑因素。Tabnine允许管理员精确指定哪些代码库可用于训练，哪些应该被排除。通过简单的配置文件，可以排除包含敏感数据或加密算法的代码。例如，可以排除含有密钥、证书、个人身份信息或专有算法的文件，同时保留通用架构和工具代码。这种精细的控制确保了合规性和知识产权保护。这就像告诉新员工："这些文件你可以学习，但那些保密文件不能看。"

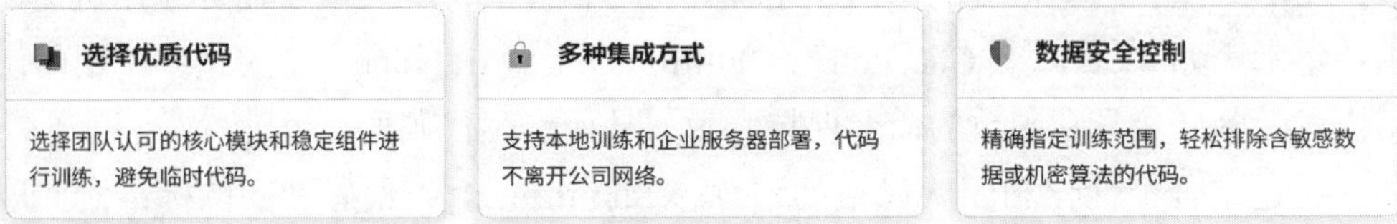

图 5-7　整合基础（1）

步骤2：进行代码库整合。

代码库整合的一个显著效果是对内部API和自定义框架的理解加深。在没有私有代码整合的情况下，AI可能对公共框架如React或Spring有很好的理解，但对组织内部开发的框架一无所知。通过整合私有代码，Tabnine学会了这些内部框架的使用模式，能够提供准确的完成建议，减少开发人员查阅文档的需要。

对于代码库很大的公司，可以采取渐进式集成。可以先从核心库和通用组件开始，随着效果的验证再逐步添加其他模块。这样不仅分散了工作量，还能让团队逐步评估效果并调整策略。

私有代码整合不仅能学习代码语法，还能理解更高层次的架构模式。如果公司有特定的服务通信方式或数据访问模式，Tabnine会识别这些规则，并在相关场景中提供符合团队架构风格的建议。这有助于保持系统的一致性，避免新代码与原有设计脱节。

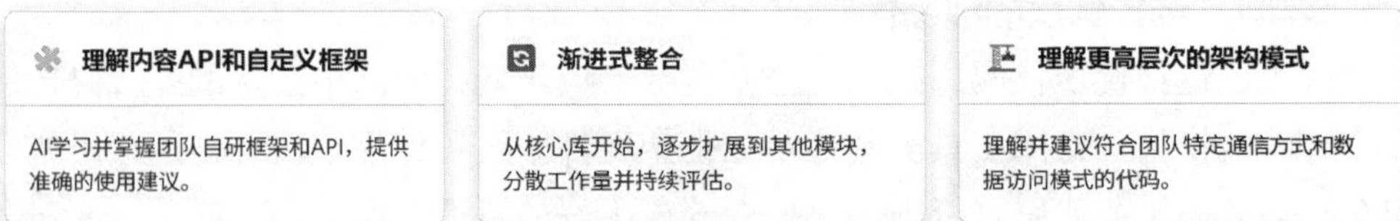

图 5-8　整合基础（2）

这种整合对于特定行业的项目特别有价值（见图5-9和图5-10）。医疗、金融或物流等领域通常有独特的术语和业务规则。通过学习这些特定领域的代码，Tabnine能够提供更贴合业务需求的建议。例如，医疗软件系统利用这一特性让AI学习病历处理的规则和隐私保护方法，显著提高了工作效率和合规性。

为了保持AI的知识与代码库同步，需要定期更新训练数据。就像员工需要不断学习新技能一样，随着代码库的发展，Tabnine也需要“继续教育”。快速变化的项目可能需要每月更新一次，而较稳定的系统每季度更新一次即可。

私有代码库整合也是新员工入职的好帮手。传统的新员工需要阅读大量代码才能了解项目。有了训练过的Tabnine，新员工可以在实际编码过程中逐步学习公司的编码风格，加快适应速度。这不仅提高了新员工的生产力，还减轻了老员工的指导负担。

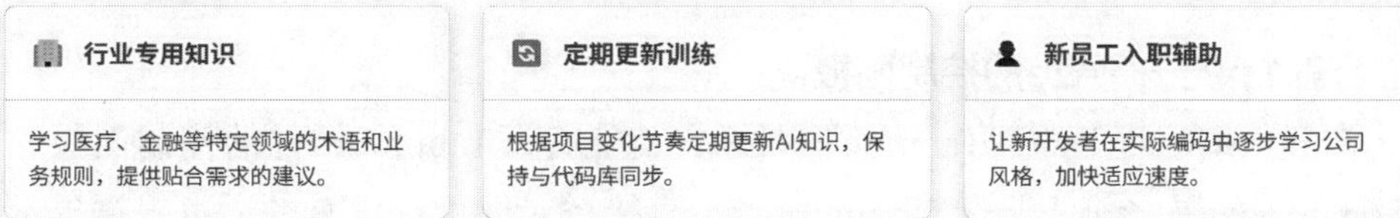

图 5-9　应用策略（1）

在整合过程中，要注意代码质量控制。不是所有现有代码都值得学习，需要注意过滤掉过时的方法或临时解决方案。定期检查训练数据，移除不良示例，添加新的最佳实践，可以确保AI提供的建议始终代表团队当前的技术方向。

将代码注释和文档也纳入训练材料是个好主意。许多团队面临文档不足的问题，可以通过让Tabnine学习现有的注释和文档，让它在提供代码建议的同时，提示相关的说明信息，弥补文档不足的问题。

最后，应该定期评估整合效果。这可以包括开发速度、代码一致性、新成员上手时间和错误率等方面。定期收集使用数据和团队反馈，可以指导进一步优化整合策略，使Tabnine对组织的价值最大化。

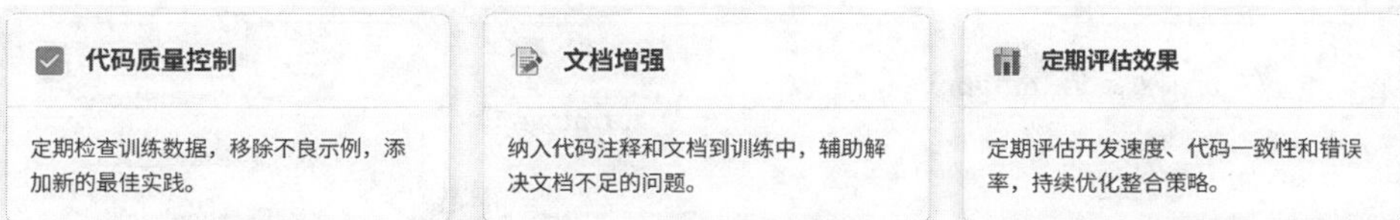

图 5-10　应用策略（2）

通过以上技巧，Tabnine可以从一个通用工具变成真正了解你团队项目的智能助手，既保护了公司的知识产权，又提高了开发效率和代码质量。

5.5　实战案例：构建团队专属代码库

在Trae平台内使用Tabnine构建团队专属代码库需要系统性地将两个工具整合

起来，充分发挥各自的优势。Trae作为一个综合性的开发环境，与Tabnine协同可以创建更加智能的代码辅助体验。

打开Trae编译器后，第一步是检查各项基本设置是否都准备好了。确认Trae的插件扩展功能已启用，这是集成第三方工具的前提。如果使用的是Trae企业版，联系管理员确认是否有适当的权限安装和配置插件。在团队项目设置中，确认代码库访问权限设置正确，所有参与构建专属代码库的成员都有适当的读写权限。

步骤1：打开Trae的控制面板。

单击Trae界面上的“Tabnine”图标，就能打开Tabnine插件的控制面板（见图5-11）。如果之前注册过Tabnine账号，直接登录即可；没有的话可根据提示创建一个。登录后，Tabnine会询问是否允许它了解你当前的项目，单击“确定”按钮，让它能“看到”你的代码环境。

在Tabnine设置中，确认团队智能补全或企业级训练功能已经打开（见图5-12）。这就像打开智能手机的学习功能，让它记住你的使用习惯。根据团队的安全要求，调整哪些数据可以共享，哪些需要保密，确保其符合公司规定。

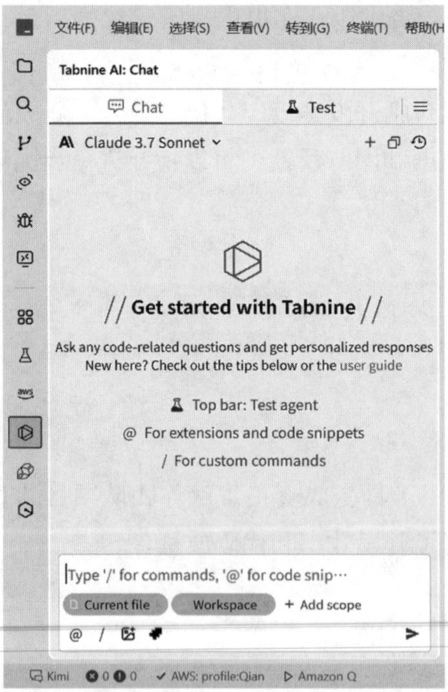

图 5-11　打开 Tabnine 控制面板

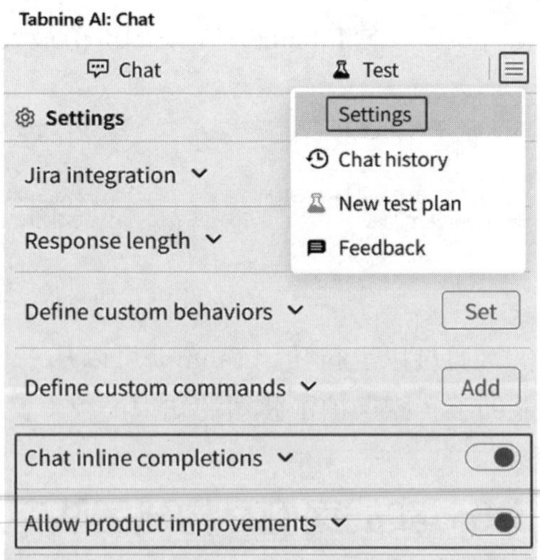

图 5-12　Tabnine 设置

步骤2：让Tabnine学习训练数据。

接下来准备训练数据让Tabnine学习。在Trae项目管理器中，创建一个名为tabnine-training-data的专用分支，这个分支就像是给Tabnine准备的“学习笔记本”，不会影响团队正在使用的主分支。借助Trae的浏览工具，系统地检查团队的代码，找出那些写得特别好的代码。就像挑选优秀范文一样，找出那些结构清晰、几乎没改过且测试全面的代码。给这些优质代码贴上tabnine-train的标签，方便后续一键收集。

为了确保安全，需要设定哪些内容是“不能教给”Tabnine的。在项目根目录创建一个名为.tabnineignore的文件，列出不想让AI学习的内容类型，如下所示。

```
# 排除配置文件
**/config/*.json
**/application*.properties
**/.env*

# 排除密钥和证书
**/keys/**
**/*.pem
**/*.key

# 排除测试数据
**/test/fixtures/**
**/mock/**

# 排除临时代码
**/*temp*.*
**/*tmp*.*
```

这就像告诉Tabnine：“这些是私密材料，不要学习这些内容。”保存后提交到版本控制系统，并检查一下规则是否有效。

设置训练任务就像设置一个自动烹饪程序。打开Trae的任务菜单，创建一个名为“Tabnine训练”的新任务。添加训练命令，告诉Tabnine从哪里学习，以及排除哪些内容。

```
tabnine-cli train --source=${workspaceFolder} --exclude-file=${workspaceFolder}/.tabnineignore --target=team --depth=medium
```

设置任务触发条件，可以选择手动启动训练，也可以设置定时训练。对于初始训练，建议选择在低峰期手动触发；对于后续更新，可以设置定期执行，如每周或每月。配置任务完成通知是为了确保训练完成后相关人员能收到提醒。保存任务配置，能够确保有相应权限的团队成员可以执行该任务。

在执行初始训练前，选择一组不同经验水平的开发人员作为测试组，创建一个专用反馈渠道收集他们的使用体验。训练完成后，让测试组在日常工作中试用一周，重点关注它在编写数据处理函数、模型评估代码等日常任务中的表现。在团队的任务系统中创建反馈收集任务，并分配给所有测试组成员。

评估训练效果需要关注多项指标。使用代码分析工具对比使用前后的效率变化，看看代码提交频率、质量评分是否有提升。在代码审查时特别标记出Tabnine提供的好建议，并汇总这些数据制作评估报告。

步骤3：设置更新机制。

建立定期更新机制，保持AI助手的“新鲜度”。设置自动流程，将审查中被标记的优质代码自动添加到训练库中。安排定期重新训练，例如每月一次或当代码有较大更新时。为训练数据建立版本管理系统，并指定专人负责维护训练数据的质量。

将Tabnine与Trae的其他功能结合使用，能产生“1+1>2”的效果。让代码模板与Tabnine学习到的风格一致；在代码检查中加入对AI建议的兼容性检查；编写使用指南；在数据面板上显示使用情况的统计等。

全团队推广是最后但也是同样重要的环节。制作简单易懂的使用说明，录制演示视频，为新员工设计入门培训；定期组织经验分享会，建立问题解答渠道，确保每个团队成员都能轻松上手。

通过这些步骤，团队可以充分利用Trae平台的功能，有效地构建和管理Tabnine专属代码库，创建一个能够了解团队特定需求和编码风格的AI编程工具，大幅提升开发效率和代码质量。

5.6 实战案例：让老项目焕发新生——基于历史代码的智能重构

老项目重构常常令开发人员望而生畏，数年累积的代码、文档缺失、离职的原始开发人员，让这项工作既费时又充满风险。借助Tabnine等AI编程工具，则可以大幅简化这一过程，通过挖掘历史代码的模式和风格，实现智能化的重构流程。

传统老项目的重构面临多重挑战。这类项目通常缺乏完整的文档，关键设计决策仅存在于原开发人员的记忆中。代码结构往往随着时间推移而变得混乱，糟糕的命名、重复的代码和不一致的风格比比皆是。技术债务通常表现为过时的依赖库、废弃的API和性能瓶颈，影响了系统的可维护性和可扩展性。

AI编程工具的引入为老项目的重构带来了新的可能性。Tabnine可以学习项目的历史代码模式，包括命名约定、设计模式和编码风格，从而给出真正了解项目风格的智能代码建议。重构过程可以分为4个关键阶段。

首先是理解与分析阶段，需要配置Tabnine学习项目代码库。通过版本控制系统导出完整的项目历史，确保包含所有分支和提交。在.tabnineignore文件中排除如下配置文件、测试数据等非关键内容。

```
# 排除配置文件和凭证
**/config/*_local.py
**/*.env
**/credentials/*

# 排除测试数据
**/test/data/**
**/fixtures/**

# 排除自动生成的代码
**/generated/**
**/__pycache__/**
```

启动Tabnine训练，专注于项目的主要代码模式。完成初步训练后，使用Tabnine辅助代码分析，找出代码的共同模式和风格特征。通过代码浏览，发现核心模块、常用函数和接口设计，绘制系统架构图和关键数据流程图。

然后进行代码清理与标准化，在Tabnine的辅助下，首先解决命名不一致的问题。AI能识别出项目中的命名模式，并推荐一致的命名风格。如下所示，发现项目中同时存在驼峰命名和下划线命名时，Tabnine可以学习主流模式并推荐标准化方案。

```
# 老代码中的不一致命名
def processData(input_data):
    # 处理逻辑

def clean_dataset(dataset):
    # 清理逻辑

# Tabnine 学习项目风格后，推荐统一为蛇形命名法
```

```
def process_data(input_data):
    # 处理逻辑

def clean_dataset(dataset):
    # 清理逻辑
```

接着处理重复代码，Tabnine能识别功能相似的代码片段，帮助提取共同逻辑并创建工具函数。如下所示，在数据处理项目中，可能存在多处类似的数据验证逻辑。

```
# 原始重复代码
def process_sales_data(data):
    # 数据验证
    if data is None or len(data) == 0:
        raise ValueError("Empty data provided")
    if 'date' not in data.columns or 'amount' not in data.columns:
        raise ValueError("Required columns missing")
    # 处理逻辑 ...

def analyze_customer_data(data):
    # 几乎相同的数据验证
    if data is None or len(data) == 0:
        raise ValueError("Empty data provided")
    if 'customer_id' not in data.columns or 'purchase_date' not in data.
columns:
        raise ValueError("Required columns missing")
    # 分析逻辑 ...

# Tabnine 辅助重构后
def validate_dataframe(df, required_columns):
    """ 验证数据框是否为空及是否包含所需列 """
    if df is None or len(df) == 0:
        raise ValueError("Empty data provided")
    missing_cols = set(required_columns) - set(df.columns)
    if missing_cols:
        raise ValueError(f"Required columns missing: {missing_cols}")
    return True

def process_sales_data(data):
    validate_dataframe(data, ['date', 'amount'])
    # 处理逻辑 ...

def analyze_customer_data(data):
    validate_dataframe(data, ['customer_id', 'purchase_date'])
    # 分析逻辑 ...
```

最后，更新过时的语法和API调用。Tabnine可以识别项目中使用的旧API模式，并建议使用最新的语法和库函数。如下所示，将Python 2风格的代码更新为Python 3。

```
# 旧版 Python 代码
print "Processing data..."
data = filter(lambda x: x > 0, values)
items = data.iteritems()

# Tabnine 建议的更新代码
print("Processing data...")
data = [x for x in values if x > 0]
items = data.items()
```

在了解了项目整体结构后，开始进行更深层次的架构重构。

首先，识别关键组件并创建明确的接口。Tabnine可以根据现有用法模式，建议如下合适的接口设计。

```
# 从多处分散调用中提取接口
class DataProcessor:
    """ 数据处理器基类，定义标准处理流程接口 """

    def load(self, source):
        """ 从数据源加载数据 """
        raise NotImplementedError

    def validate(self, data):
        """ 验证数据有效性 """
        raise NotImplementedError

    def transform(self, data):
        """ 转换数据结构 """
        raise NotImplementedError

    def export(self, data, destination):
        """ 导出处理后的数据 """
        raise NotImplementedError

    def process(self, source, destination=None):
        """ 完整的处理流程 """
        data = self.load(source)
        self.validate(data)
        processed_data = self.transform(data)
        if destination:
```

```
        self.export(processed_data, destination)
    return processed_data
```

接着实现设计模式优化，使用Tabnine学习项目中可能适合应用设计模式的场景，如工厂模式、策略模式等。如下所示，将散乱的数据处理器转换为策略模式。

```
# 应用策略模式重构数据处理逻辑
class ExcelProcessor(DataProcessor):
    """Excel 文件处理器实现 """

    def load(self, source):
        return pd.read_excel(source)

    def validate(self, data):
        # Excel 特定验证
        pass

    # 其他方法实现 ...

class CSVProcessor(DataProcessor):
    """CSV 文件处理器实现 """

    def load(self, source):
        return pd.read_csv(source)

    # 其他方法实现 ...

class ProcessorFactory:
    """ 处理器工厂 """

    @staticmethod
    def get_processor(file_type):
        if file_type.endswith('.xlsx') or file_type.endswith('.xls'):
            return ExcelProcessor()
        elif file_type.endswith('.csv'):
            return CSVProcessor()
        else:
            raise ValueError(f"Unsupported file type: {file_type}")
```

最后进行性能优化，利用Tabnine辅助识别性能瓶颈代码，并提供如下优化建议。

```
# 性能不佳的原始代码
def calculate_metrics(data):
    results = {}
```

```
    for index, row in data.iterrows():  # 低效的行遍历
        category = row['category']
        if category not in results:
            results[category] = 0
        results[category] += row['value']
    return results

# Tabnine 辅助优化后的代码
def calculate_metrics(data):
    # 使用高效的 Pandas 分组聚合操作
    return data.groupby('category')['value'].sum().to_dict()
```

在重构过程中，持续的测试至关重要。首先，创建自动化测试套件，针对重构的功能，使用Tabnine辅助生成如下测试用例，以确保行为的一致性。

```
# Tabnine 辅助生成的测试代码
def test_data_processor():
    # 准备测试数据
    test_file = "tests/data/sample.csv"
    expected_columns = ['id', 'value', 'category']

    # 创建处理器
    processor = ProcessorFactory.get_processor(test_file)

    # 测试加载功能
    data = processor.load(test_file)
    assert isinstance(data, pd.DataFrame)
    assert all(col in data.columns for col in expected_columns)

    # 测试完整处理流程
    result = processor.process(test_file)
    assert result is not None
    assert len(result) > 0
    # 其他断言 ...
```

其次，在进行漏洞修复和安全性提升时，Tabnine可以识别如下常见的安全问题模式，并提出修复建议。

```
# 存在 SQL 注入风险的原始代码
def get_user(username):
    query = f"SELECT * FROM users WHERE username = '{username}'"
    return db.execute(query)

# Tabnine 建议的安全修复
def get_user(username):
```

```
    query = "SELECT * FROM users WHERE username = %s"
    return db.execute(query, (username,))
```

最后，建立持续集成流程，确保重构后的代码质量不会下滑。配置自动化测试、代码风格检查和性能基准测试，每次提交都会自动验证。

通过AI辅助的智能重构方法，老项目不再是无法驾驭的技术债务累积体，而是可以系统化改进的黄金资产。Tabnine等工具通过学习历史代码模式，帮助开发团队更快地了解项目，发现优化机会，并实施一致性改进。这种方法不仅降低了重构风险，还大幅提升了开发效率，让老项目真正焕发新生。

第6章

Mintlify自动文档生成全流程，技术文档自己写

6.1 从代码到文档的转换流程

从代码到文档的转换流程是一个系统化的过程，也就是将源代码中的结构、功能和注释转化为可读性强、组织有序的技术文档。Mintlify作为专业的文档生成工具，能够高效地完成这一转换，帮助开发人员省去手动编写文档的烦琐工作。在Trae的环境中，这一流程更加流畅和直观。

打开编辑器，单击左侧边栏的“Mintlify”图标，打开插件（见图 6-1）。首次使用时，会出现欢迎界面，并需要进行基本设置。如果已有 Mintlify 账户，单击“登录”按钮并输入账户凭据；如果没有账户，可以单击“注册”按钮创建新账户。在面板中提供了多项核心功能，其设计合理且易于访问（见图 6-2）。

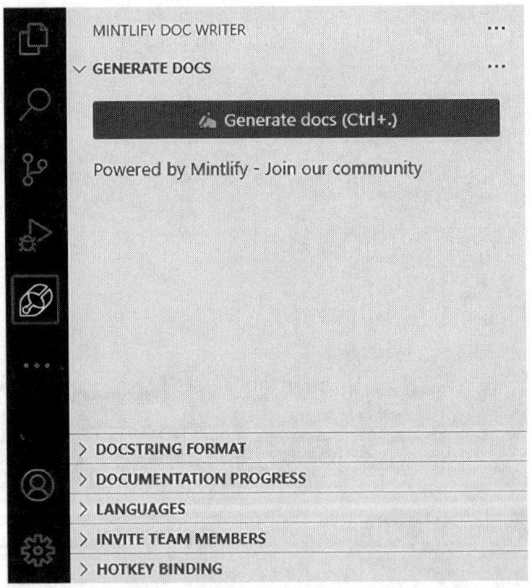

图 6-1　打开 Mintlify 插件

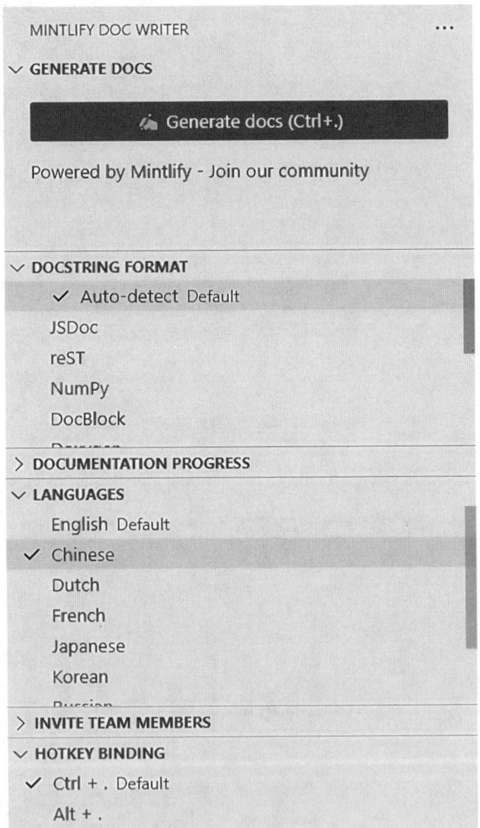

图 6-2　Mintlify 插件面板构成

（1）文档生成控制区（GENERATE DOCS）：位于面板顶部，提供醒目的生成按钮，单击后启动整个项目的文档构建流程。

（2）注释格式选择器（DOCSTRING FORMAT）：允许开发人员指定代码注释的标准格式。系统默认设置为“自动检测”，能智能识别项目中已使用的注释风格。用户也可手动选择特定格式，如Google风格、NumPy风格或JSDoc，确保文档生成过程遵循一致的标准。

（3）文档完成度监控（DOCUMENTATION PROGRESS）：直观地展示项目的文档覆盖情况，以进度条和百分比的形式呈现。单击此区域可查看详细的报告，了解哪些模块或函数缺少适当的文档，帮助团队有针对性地改进文档质量。

（4）语言偏好设置（LANGUAGES）：控制生成文档的语言。默认设置为英文，但可切换为中文，以适应不同团队和用户群体的需求。此设置会影响AI增强内容和自动生成的描述文本。

（5）团队协作入口（INVITE TEAM MEMBERS）：提供团队功能入口，支持邀请同事加入文档协作。通过此功能可实现文档权限管理、协作编辑和审核流程，适合需要多人维护文档的大型项目。

（6）快捷键配置（HOTKEY BINDING）：允许用户自定义文档生成的快捷键。默认组合为Ctrl+.，可根据个人习惯调整为其他组合，以避免与其他插件冲突并提升操作效率。

在编写代码的过程中，当需要为特定的代码段生成相应的注释文档时，可以通过简单的操作来实现这一功能。首先，选中希望生成注释的代码部分。选中之后，单击界面上的“Generate docs（Ctrl+.）”按钮，或者使用键盘快捷键Ctrl+.（见图6-3）。执行上述操作后，Mintlify会根据用户选中的代码自动生成相应的注释文档（见图6-4），这样可以大大提高开发效率并保持代码的可读性。

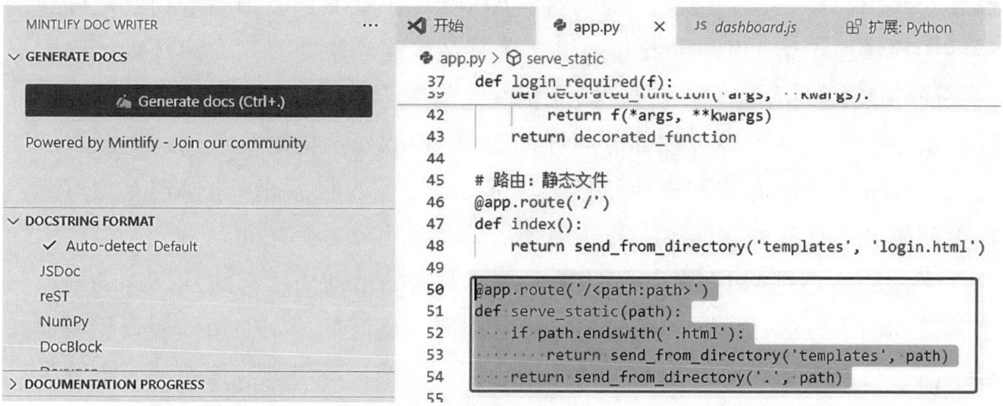

图6-3　选择需注释的代码

```
@app.route('/<path:path>')
    """
    该函数根据文件扩展名从指定目录提供静态文件。

    :param path: `serve_static` 函数中的 `path` 参数是一个变量，表示 URL 中指定的路径。它用于根据客户端提供的 URL 路径确定要提供的文件
    :return: 如果 `path` 变量以 '.html' 结尾，则该函数将从 `templates' 目录返回该文件。否则，它将从当前目录返回该文件。
    """
def serve_static(path):
    if path.endswith('.html'):
        return send_from_directory('templates', path)
    return send_from_directory('.', path)
```

图 6-4　生成的注释文档

Mintlify能够提取函数名称、参数列表、默认值和完整的函数描述，同时理解函数的基本逻辑结构。

通过这种流畅的从代码到文档的转换流程，可以大幅减少手动编写文档的工作量，将技术文档从开发的负担转变为项目的资产。这种方式不仅提高了文档的质量和可用性，还促进了知识共享和团队协作，为项目的长期维护奠定了坚实基础。无论是个人开发者还是开发团队，都能通过这一强大的工具受益，实现代码与文档的和谐统一。

6.2　自动生成 API 文档的结构与规范

API文档是连接开发人员与API的重要桥梁，一份结构清晰、内容完整的API文档能大幅提升集成效率，降低沟通成本。在使用Mintlify自动生成API文档时，需要遵循一定的结构与规范，以确保最终产出的文档既专业又实用。

高质量的API文档应当具有清晰的整体架构。一般而言，文档的开篇应当是概述与介绍部分，简明扼要地说明这套API的功能范围、适用场景和设计理念，帮助用户快速了解API的价值和用途。接着是快速开始部分，为初次接触的用户提供简洁的入门指南，通常包含认证获取、基本请求格式和简单的示例代码，以降低上手难度。认证与授权部分应详细说明API的安全机制，包括如何获取访问凭证、凭证的使用方式和刷新流程，这部分对于安全性要求高的API尤为重要，需要清晰地解释各种认证方法的适用场景。

文档的核心是API参考部分，这里按照逻辑分组列出所有端点，详细描述每个接口的请求方法、参数、响应格式和状态码。良好的分组能帮助用户更快地找到所需接口，常见的分组方式包括按功能模块、按资源类型或按业务流程分类。错误处理部分统一介绍API的错误返回机制，包括错误码体系、错误消息格式和

常见问题的解决方案。文档还应包含高级主题部分，针对复杂场景提供深入指南，如批量操作、异步处理或速率限制策略等。如果提供了官方SDK或工具，应当在文档中专门介绍这些开发套件的使用方法。最后，版本控制与变更日志部分应记录API的演进历史，明确不同版本间的差异和兼容性信息。

对于单个API端点的文档，应当包含完整的基本信息。首先是端点名称，要用简洁明了的标题表达方式；其次是完整的URL路径，应包含任何路径参数的占位符；然后是HTTP请求方法，如GET、POST等；最后是详细的功能描述，以说明这个接口的用途和适用场景。在请求详情部分，需要分类说明各种参数：例如，路径参数是URL路径中的变量部分；查询参数是URL问号后的参数；请求头包含特定的HTTP头信息；请求体则是POST/PUT请求携带的数据结构。每种参数都应说明名称、类型、是否必填、默认值和验证规则。

响应信息同样重要，需要说明成功状态码下的返回结构，以及可能的错误状态及其响应格式。应列出常见的HTTP状态码并解释其含义。使用示例对于用户了解接口至关重要，应提供完整的API调用示例，包括所有必要参数和对应的响应数据。这些示例应覆盖多种常见场景，帮助用户了解接口在不同情况下的行为。

为了使Mintlify能够准确地提取API信息，开发人员在编写代码时需要遵循特定的注释格式。对于JavaScript/TypeScript项目，Mintlify会识别JSDoc格式的注释，从中提取API的详细描述、参数说明、返回值类型、错误情况等信息。例如，当开发人员编写如下注释。Mintlify会识别这是一个GET方法的API端点，路径为“/api/users/{userId}”，有一个必需的路径参数userId和一个可选的查询参数includeOrders，并了解可能的响应状态。

```
/**
 * 根据用户 ID 获取用户详细信息
 *
 * @route GET /api/users/{userId}
 * @param {string} userId.path.required - 用户唯一标识符
 * @param {boolean} [includeOrders=false] - 是否包含订单历史
 * @returns {Object} 200 - 用户信息对象
 * @returns {Error} 404 - 用户不存在
 */
```

对于 Python 项目，Mintlify 支持解析 Google 风格、NumPy 风格或 reStructuredText 风格的 docstring。当遇到如下注释时，Mintlify 能提取出函数的用途、参数要求、返回数据结构和可能的异常情况。

```
def create_product(product_data):
    """ 创建新产品
    根据提供的产品数据创建新产品记录并返回创建结果。
    Args:
        product_data (dict): 包含产品信息的字典，必须包含 name 和 price 字段
    Returns:
        dict: 包含新创建产品 ID 和状态的字典
    Raises:
        ValidationError: 如果产品数据不完整或无效
    """
```

随着API规模的扩大，合理的分组变得尤为重要。Mintlify支持通过配置文件定义API分组策略，将相关功能的接口组织在一起。在配置中可以设置组名、描述和标签，然后在代码注释中通过标签将端点关联到特定分组。这种组织方式使得生成的文档结构清晰，用户能够轻松找到相关功能的所有接口。

为了减少重复内容，Mintlify允许用户定义通用参数和响应格式。例如，大多数API接口可能都需要Authorization头部进行认证，以及有类似的错误响应格式。通过在配置中定义这些通用部分，可以避免在每个接口注释中重复相同的信息，同时可确保文档的一致性。在配置中还可以指定适用范围和例外情况，灵活处理特殊需求（见图6-5）。

```
{
  "api": {
    "groups": [
      {
        "name": "认证与授权",
        "description": "用户认证、令牌管理和权限相关接口",
        "tag": "auth"
      },
      {
        "name": "用户管理",
        "description": "用户账户创建、查询和更新操作",
        "tag": "users"
      },
      {
        "name": "产品目录",
        "description": "产品信息管理和查询接口",
        "tag": "products"
      },
      {
        "name": "订单管理",
        "description": "订单创建、支付和物流相关操作",
        "tag": "orders"
      }
    ]
  }
}
```

图 6-5　文档配置

软件开发就像高速行驶的列车，不断有新功能上线，旧功能下线。在这种快速变化的环境中，清楚地告诉用户哪些API是新添加的、哪些将被淘汰非常重要。Mintlify很贴心地解决了这个问题，它支持开发人员在代码注释中标记API的“年龄”。例如，当一个接口即将被淘汰时，可以加上“已弃”的标签；而对于刚刚推出的新接口，可以标明它是从哪个版本开始提供的。这样一来，用户就能

清楚地看到API的发展方向，及时调整代码，避免将来遇到麻烦。

文档说得天花乱坠，但如果与实际功能不符，就像是错误的地图，只会让人迷路。Mintlify提供了一套“真实性检查”工具，确保文档内容与实际代码保持一致。它会检查文档是否准确描述了代码的实际行为，验证示例响应是否真实反映API返回的数据，确认文档中的所有链接是否正常工作，测试示例代码是否能顺利运行。这些检查就像文档的质检员，帮助发现并修复潜在的问题，确保用户拿到的是准确可靠的使用指南。

在实际工作中，写好API文档有几个简单却重要的原则。好的API文档应该简洁明了，每个接口文档专注于一个功能，不要长篇大论。要设身处地为用户着想，提供“怎么用”的指导，而不是“怎么实现”的技术细节。告诉用户这个API能解决什么实际问题，适合在什么场景下使用，这比列出一堆参数和理论更有价值。文档中使用的术语和命名要保持一致，就像全局使用同一个称呼来指代同一个角色，避免让用户猜测你说的是不是同一个东西。对于复杂的功能，举几个实际的例子会比抽象的描述更容易让人理解。最关键的是，随着API的更新，文档也要及时更新，过时的说明比没有说明更容易误导用户。

遵循这些简单的规则，Mintlify生成的API文档就会像一本好用的说明书，内容清晰、描述全面、例子易懂，让用户能轻松上手使用你的API。这样的文档不仅可以帮助外部开发人员快速接入你的服务，也为团队内部提供了宝贵的参考资料，让大家都按照统一的标准开发和使用API。随着时间推移，这套文档会成为产品不可分割的一部分，持续为团队和用户创造价值，就像产品的名片一样，展示着团队的专业水准。

6.3 文档更新自动化与版本控制

在软件开发过程中，技术文档往往像一个不断被推迟的承诺，团队成员忙于开发新功能，却常常忽略了文档的更新。这种情况在API开发中尤为常见，导致开发人员查阅到的文档与实际代码严重不符，引发各种集成问题。Mintlify的自动化文档更新与版本控制功能正是解决这一痛点的利器，它能够确保文档始终与代码保持同步，无须开发人员付出额外的努力。

Mintlify通过编辑器插件和自动化工作流，将文档生成无缝集成到日常开发流程中。开发人员只需专注于编写规范的代码注释，后续的文档生成、更新和发布都可以自动完成。这种自动化流程不仅节省了大量手动维护文档的时间，还消除了文档与代码不一致的风险。

实现文档自动化更新的第一步是安装Mintlify编辑器插件。以Visual Studio Code为例，可以通过扩展市场搜索“Mintlify”，找到并安装“Mintlify Doc Writer”插件。安装完成后，插件会自动激活，为API代码提供实时文档预览和智能辅助功能。

该插件的核心功能是实时文档预览。当开发人员编写或修改API代码及其注释时，插件会在侧边栏实时显示生成的文档效果。这种即时反馈机制让开发人员能够直观地评估文档质量，确保生成的文档清晰易懂。以一个Python FastAPI用户管理接口为例，开发人员在编写代码的同时，可以实时预览生成的文档效果（见图6-6）。

```
@router.post("/users")
async def create_user(user: UserCreate):
    """
    创建新用户

    接收用户信息并在系统中创建新用户账户

    Args:
        user: 包含用户资料的请求体
            - username: 用户唯一名称
            - email: 用户电子邮箱
            - password: 账户密码

    Returns:
        201: 包含新创建用户ID和基本信息的对象

    Raises:
        400: 当提供的用户名或邮箱已被占用时
        422: 当请求体验证失败时

    Example:
        ```json
        {
          "username": "johndoe",
          "email": "john@example.com",
          "password": "securepass123"
        }
        ```
    """
    # 实现代码
    return {"id": "user_123", "username": user.username, "email": user.email}
```

图 6-6　预览文档

生成这段代码的同时，Mintlify会实时显示生成的API文档，包括请求方法、路径、参数说明和返回值信息，开发人员可以立即发现并修正文档中的问题。

除了实时预览，Mintlify还提供了文档智能补全功能。当开发人员开始编写API注释时，插件会分析当前代码上下文，提供智能的补全建议。例如，输入“Args:”后，插件会自动识别函数参数并提供参数类型建议；输入“Returns:”后，插件则会根据函数的返回语句提供返回值类型的建议。这种智能辅助大大提高了文档编写的效率和准确性。

为了确保团队成员使用一致风格的文档，可以在项目根目录下创建Mintlify配置文件。创建一个名为“mintlify.json”的文件，定义文档生成的规则和偏好（见图6-7）。

```
{
  "name": "Python API文档",
  "description": "完整的Python API参考指南",
  "logo": {
    "light": "/static/logo-light.png",
    "dark": "/static/logo-dark.png"
  },
  "basePath": "/",
  "outputDir": "docs",
  "analysis": {
    "include": ["app/**/*.py", "api/**/*.py"],
    "exclude": ["**/tests/**", "**/__pycache__/**"]
  },
  "parser": {
    "language": "python",
    "style": "google"
  }
}
```

图6-7　定义文档生成规则

这个配置文件定义了文档的基本信息、输出目录、需要分析的Python文件范围，以及解析器设置。通过统一的配置，团队所有成员生成的文档会保持一致的风格和结构。

接下来要实现真正的自动化，需要将文档生成过程集成到持续集成流程中。以GitHub Actions为例，可以创建一个自动化工作流，在提交代码后自动更新文档。首先，在项目中创建目录“.github/workflows”，然后添加一个名为“docs.yml”的文件（见图6-8）。

```yaml
name: 更新Python API文档

on:
  push:
    branches: [ main ]
    paths:
      - 'app/**/*.py'
      - 'api/**/*.py'
      - 'mintlify.json'

jobs:
  build-docs:
    runs-on: ubuntu-latest
    steps:
      - uses: actions/checkout@v3
      - uses: actions/setup-python@v4
        with:
          python-version: '3.10'
      - uses: actions/setup-node@v3
        with:
          node-version: '16'
      - run: pip install -r requirements.txt
      - run: npm install -g mintlify
      - run: mintlify build
      - uses: JamesIves/github-pages-deploy-action@v4
        with:
          folder: docs
          branch: gh-pages
```

图 6-8　创建文件

这个工作流会监听主分支的Python代码变更和Mintlify配置的变化。当检测到变更时，它会自动运行Mintlify文档生成器，然后将生成的文档发布到GitHub Pages。这样，每当开发人员提交代码时，文档网站就会自动更新，确保用户始终能看到最新的API文档。

随着项目的发展，API版本控制变得越来越重要。新功能的引入、现有接口的变更或废弃，这些变化需要通过版本控制系统清晰地传达给用户。Mintlify提供了强大的版本控制功能，让团队能够管理多个API版本的文档。

首先，在Mintlify配置中启用版本支持。修改mintlify.json文件，添加版本配置。

```json
{"versioning": {
    "enabled": true,
    "current": "v2",
    "versions": ["v1", "v2", "latest"]}}
```

接着在Python代码中使用版本标记注释，清晰地标记API的生命周期状态。在Python中，可以使用特定格式的文档字符串来表达版本信息。对于新增的API接口，可以添加“Since”标记（见图6-9）。

```
@router.get("/users/{user_id}/profile")
async def get_user_profile(user_id: str):
    """
    获取用户详细资料

    返回指定用户的完整个人信息和偏好设置

    Args:
        user_id: 用户唯一标识符

    Returns:
        200: 用户资料对象
        404: 当用户不存在时

    Since:
        v2.0.0
    """
    # 实现代码
    return {"user_id": user_id, "profile": {"name": "John Doe", "preferences": {}}}
```

图 6-9　版本标记注释（1）

对于计划废弃的接口，则添加“Deprecated”标记，并提供替代方案（见图6-10）。

```
@router.get("/user/{id}")
async def get_user(id: str):
    """
    获取用户信息（旧版）

    根据ID获取基本用户信息

    Args:
        id: 用户ID

    Returns:
        200: 用户信息对象
        404: 当用户不存在时

    Deprecated:
        从v2.0.0开始废弃，将在v3.0.0移除
        请使用新的 GET /users/{user_id}/profile 接口获取更完整的用户信息
    """
    # 实现代码
    return {"id": id, "username": "johndoe"}
```

图 6-10　版本标记注释（2）

这些版本标记会在生成的文档中明显地显示，它们将有助于用户清晰地理解API的变更计划，并且能够根据这些信息做出相应的调整和准备。

这种自动化的文档更新与版本控制解决方案消除了文档维护的负担，确保了文档的准确性和及时性。开发人员可以将精力集中在代码质量和功能实现上，而不必担心文档更新问题。对于API用户，始终能够获取到最新、最准确的接口信息，大大提升了开发体验和效率。随着项目规模的扩大和迭代速度的加快，这种自动化文档系统的价值将愈发明显，它将成为现代软件开发中不可或缺的一部分。

6.4 多语言文档生成与国际化

在全球化的软件市场中，提供多种语言的API文档已经不再是奢侈品，而是满足国际用户需求的基本要求。无论是面向全球开发人员的开源项目，还是进军海外市场的商业应用，多语言文档都能显著提升用户体验，降低国际用户的使用门槛。Mintlify的多语言文档生成与国际化功能为解决这一挑战提供了优雅而高效的解决方案，让文档的国际化变得简单可行。

Mintlify的多语言支持围绕两个核心概念展开：本地化资源文件和国际化标记语法。插件能够识别项目中定义的语言资源，并在实时预览中动态替换国际化标记，让开发人员直观地看到不同语言下文档的呈现效果。这种所见即所得的体验使得多语言文档的质量控制变得简单高效。

设置多语言文档的第一步是创建基础的国际化资源文件，在项目根目录创建i18n文件夹，并为每种目标语言创建对应的资源文件。例如，为英文、中文和日文创建相应的文件。

```
project/
├── i18n/
│   ├── en.json
│   ├── zh.json
│   └── ja.json
```

每个语言文件需要遵循特定的JSON格式，包含翻译键值对。下面以中文资源文件zh.json为例进行介绍（见图6-11）。

```
{
  "docstrings": {
    "data_analysis": {
      "description": "数据分析模块",
      "analyze_data": {
        "summary": "分析数据集并生成报告",
        "description": "此函数接收数据集，执行统计分析，并返回结构化报告",
        "param_dataset": "输入数据集，必须是pandas DataFrame格式",
        "param_metrics": "要计算的统计指标列表",
        "param_groupby": "按指定字段分组统计",
        "returns": "包含分析结果的字典对象"
      }
    }
  }
}
```

图 6-11　中文资源文件

接下来在项目根目录创建.mintlify配置文件，启用多语言支持（见图6-12）。

```
{
  "i18n": {
    "defaultLocale": "en",
    "locales": ["en", "zh", "ja"],
    "localeDir": "i18n"
  },
  "analysis": {
    "include": ["**/*.py"],
    "exclude": ["**/tests/**", "**/__pycache__/**"]
  }
}
```

图 6-12　配置文件

这个配置文件告诉Mintlify默认语言是英文，支持的其他语言是中文和日文，以及国际化资源文件的位置。

完成基础配置后，就可以在 Python 代码中使用国际化标记语法（见图 6-13）。Mintlify 支持 $t{} 语法来引用国际化资源。例如，一个支持多语言的数据分析函数文档。

在编写这样的代码时，Mintlify会实时解析国际化标记，并根据当前选择的语言在预览窗口中显示对应的翻译内容。默认情况下，插件使用defaultLocale指定的语言，但开发人员可以随时切换预览语言。

要切换Mintlify的预览语言，可以使用VSCode命令面板（按下快捷键Ctrl+Shift+P或Cmd+Shift+P），输入“Mintlify: Switch Language”，然后选择目标语言。切换后，插件会立即更新预览窗口，显示所选语言的文档内容。

```
import pandas as pd
from typing import List, Dict, Optional

def analyze_data(
    dataset: pd.DataFrame,
    metrics: List[str],
    groupby: Optional[str] = None
) -> Dict:
    """
    $t{docstrings.data_analysis.analyze_data.summary}

    $t{docstrings.data_analysis.analyze_data.description}

    Args:
        dataset: $t{docstrings.data_analysis.analyze_data.param_dataset}
        metrics: $t{docstrings.data_analysis.analyze_data.param_metrics}
        groupby: $t{docstrings.data_analysis.analyze_data.param_groupby}

    Returns:
        $t{docstrings.data_analysis.analyze_data.returns}

    Examples:
        ```python
        import pandas as pd

        data = pd.read_csv("sales_data.csv")
        results = analyze_data(
            dataset=data,
            metrics=["sum", "mean", "count"],
            groupby="region"
        )
        print(results["summary"])
        ```
    """
    # 函数实现
    results = {}
    # 分析逻辑
    return results
```

图 6-13　标记语法

为了提高开发效率，Mintlify还提供了国际化键补全功能。当在代码注释中输入$t{时，插件会显示可用的国际化键列表，开发人员可以直接从列表中选择，避免手动输入长路径键名引发的错误和麻烦。

通过Mintlify的多语言支持，开发团队能够在日常编码过程中同步维护多语言文档，确保各语言版本内容同步更新，避免了传统多语言文档容易出现的版本分散和内容不同步的问题。当API设计变更时，开发人员只需更新一段代码和相应的翻译资源，所有语言版本的文档会自动保持一致，大大降低了国际化文档的维护成本。

随着项目的发展，团队可以逐步扩展国际化资源，支持更多语言，而无须修改现有代码结构。这种可扩展的设计使得多语言支持能够随着产品的国际化需求灵活调整，为全球用户提供本地化的文档体验。

Mintlify的多语言文档生成功能虽然强大，但也有一些值得注意的事项。首先，应保持国际化键的结构化和语义化命名，使其易于理解和维护；其次，对于复杂的格式化内容，可以使用HTML标记进行富文本格式化；最后，定期检查国际化资源文件的完整性，确保所有使用的键都有对应的翻译内容，避免出现未翻译的空白。

通过Mintlify的多语言文档生成与国际化支持，开发团队能够以最小的额外工作量，为全球用户提供高质量的本地化文档体验。这不仅提升了产品在国际市场的接受度，也展示了对全球用户的尊重，为产品的国际化推广奠定了坚实基础。在软件全球化的今天，多语言文档已不再是锦上添花，而是参与国际竞争的基本要求。Mintlify为此提供了简单而强大的解决方案。

6.5 实战案例：生成开发人员友好型 SDK 说明书

优质的SDK文档是开发人员体验的核心组成部分，直接影响集成效率和用户满意度。Mintlify为开发人员提供了一种简单而强大的方式，在编写代码的同时创建专业、全面的文档。无须额外的文档工作流程，就能生成开发人员真正需要的高质量的API文档。

步骤1：创建配置文件。

在开始使用Mintlify前，先在项目根目录创建一个.mintlify配置文件，这个文件定义了文档生成的规则和偏好，如主题颜色、分析范围等。

```
{
  "name": " 支付 SDK 文档 ",
  "description": " 专业的支付处理解决方案 ",
  "analysis": {
    "include": ["payment/**/*.py"],
    "exclude": ["**/tests/**", "**/__pycache__/**"]
  },
```

```
  "colors": {
    "primary": "#4F46E5"
  }
}
```

这个配置文件定义了文档名称、描述、分析范围（哪些文件应该包含在文档中）以及品牌颜色。

SDK的核心通常是一个客户端类，它提供与API交互的主要接口。使用Mintlify为客户端类创建文档，首先需要编写带有详细注释的代码。

```
class PaymentClient:
    """
    支付 SDK 的主客户端类

    提供与支付 API 交互的所有核心功能，包括交易处理、退款管理和订阅服务等。
    使用此客户端可以安全地处理各类支付场景。

    Examples:
        初始化客户端：
        ```python
        from payment_sdk import PaymentClient

        client = PaymentClient(
            api_key="sk_test_...",
            environment="sandbox"
        )
        ```
    """

    def __init__(self, api_key, environment="sandbox"):
        """
        初始化支付客户端

        Args:
            api_key: API 密钥，用于身份验证
             environment: 运行环境，可选值为 "sandbox" 或 "production"，默认
为 "sandbox"

        Raises:
            ValueError: 当 API 密钥格式无效或环境参数不合法时
        """
        # 初始化代码
        self.api_key = api_key
        self.environment = environment
```

```
        self.base_url = "https://api.sandbox.payment.com" if environment
== "sandbox" else "https://api.payment.com"

        # 初始化各功能模块
        self.charges = ChargesAPI(self)
        self.refunds = RefundsAPI(self)
```

在编写这段代码时，Mintlify会实时分析文档字符串，并在编辑器侧边栏显示渲染后的文档效果。开发人员可以立即看到文档格式是否正确，以及内容是否清晰。这种即时反馈非常有助于提高文档质量。

支付SDK的核心功能是处理支付交易，下面为支付创建方法添加详细文档。

```
class ChargesAPI:
    """
    支付交易处理模块

    提供创建、查询、捕获和取消支付交易的功能。
    """

    def create(self, amount, currency, source, description=None):
        """
        创建新的支付交易

        处理从指定支付来源扣款的请求，并返回交易结果。

        Args:
            amount: 支付金额（分），如 10.5 元应传入 1050
            currency: 货币代码，如 "cny"、"usd"
            source: 支付来源标识符，可以是卡 token、钱包 ID 等
            description: 交易描述信息

        Returns:
            支付交易对象，包含 ID、状态、金额等信息

        Raises:
            PaymentError: 支付处理失败

        Examples:
            ```python
            try:
                charge = client.charges.create(
                    amount=1000,
                    currency="cny",
                    source="card_token_123",
```
```

```
                description="订单 #12345 的支付"
            )
            print(f"支付成功！交易 ID: {charge.id}")
        except PaymentError as e:
            print(f"支付失败：{e}")
        ```
    """
    # 实现代码
    pass
```

Mintlify会分析文档中的参数、返回值和示例代码，生成格式良好的API参考页面。使用实时预览功能，可以立即看到这些文档的呈现效果，确保信息完整且易于理解。

下面创建异常类文档，即为SDK的错误类添加文档。良好的SDK文档应该详细说明可能的错误情况及处理方法。

```
class PaymentError(Exception):
    """
    支付处理错误的基类

    所有 SDK 特定错误类的父类，提供统一的错误处理接口。

    Attributes:
        message: 错误描述信息
        code: 错误代码
        http_status: HTTP 状态码
        request_id: 请求标识符，用于问题排查

    Examples:
        错误捕获与处理：
        ```python
        try:
            charge = client.charges.create(...)
        except ValidationError as e:
            print(f"参数错误：{e.message}，代码：{e.code}")
        except PaymentError as e:
            print(f"支付错误：{e.message}")
        ```
    """

    def __init__(self, message, code=None, http_status=None, request_
id=None):
        super().__init__(message)
        self.message = message
```
```

```
        self.code = code
        self.http_status = http_status
        self.request_id = request_id
```

Mintlify会将类属性文档渲染为表格形式，使错误类信息更加清晰易读。通过示例代码展示错误处理的解决方法，帮助开发人员正确应对异常情况。

步骤2：预览效果。

Mintlify的最大优势在于实时预览功能。要查看当前文件的文档渲染效果，可以通过以下步骤激活预览。

在VS Code中打开包含文档字符串的Python文件，单击编辑器右上角的"Mintlify"图标，或使用快捷键（通常是Ctrl+Shift+P或Cmd+Shift+P）打开命令面板，输入"Mintlify: Open Preview"。

侧边栏会显示预览窗口，展示当前文件中所有类和方法的文档渲染效果。当开发人员修改文档字符串时，预览会实时更新，这种即时反馈让文档编写变得更加高效。

接下来创建SDK方法参考文档，对于支付SDK中的关键功能，如订阅管理，需要提供详尽的方法参考文档。

```
class SubscriptionAPI:
    """
    订阅管理模块

    提供创建、查询、更新和取消周期性订阅的功能，适用于会员服务、
    内容订阅等需要定期收费的业务场景。

    Examples:
        创建月度订阅：
        ```python
        subscription = client.subscriptions.create(
            customer="cus_123456",
            items=[{"plan": "plan_monthly_premium"}]
        )
        ```
    """

    def create(self, customer, items, trial_period_days=None):
        """
        创建新的订阅
```

```
    为指定客户创建周期性订阅计划。

    Args:
        customer: 客户 ID
        items: 订阅项目列表，每项包含 plan 和可选的 quantity
        trial_period_days: 试用期天数

    Returns:
        创建的订阅对象

    Examples:
        带试用期的订阅：
        ```python
        subscription = client.subscriptions.create(
            customer="cus_123456",
            items=[
                {"plan": "plan_monthly_premium", "quantity": 2}
            ],
            trial_period_days=14
        )
        ```
    """
    # 实现代码
    pass
```

在编写这样的方法文档时，Mintlify会识别参数列表和示例代码，并提供智能补全建议。例如，当开发人员输入“Args:”后，插件会自动列出函数的所有参数，开发人员只需填写每个参数的描述即可。

然后创建独立的指南文档，除了API参考文档，一个完整的SDK文档还需要独立的指南页面。在项目中创建一个docs目录，添加Markdown格式的指南文件。

````
# 快速开始指南
本指南将帮助你在几分钟内完成支付 SDK 的设置和首次交易处理。
## 安装
使用 pip 安装最新版本的支付 SDK:
```bash
pip install payment-sdk
````

然后初始化SDK客户端。

```
from payment_sdk import PaymentClient
import os

# 从环境变量获取 API 密钥
```
```

```
api_key = os.environ.get("PAYMENT_API_KEY")

# 初始化客户端
client = PaymentClient(
    api_key=api_key,
    environment="sandbox"  # 开发测试使用 sandbox，生产环境使用 production
)
```

处理第一笔支付时，以下代码展示了如何创建一笔简单的支付。

```
try:
    # 创建 10 元的支付
    charge = client.charges.create(
        amount=1000,  # 金额（分）
        currency="cny",
        source="card_token_123",
        description=" 测试商品购买 "
    )

    print(f" 支付状态 : {charge.status}")

except Exception as e:
    print(f" 处理支付时出错 : {e}")
```

插件会自动提供文档结构建议。

```
def process_refund(self, charge_id, amount=None, reason=None):
    """
    [ 描述 ]
    Args:
        charge_id:
        amount:
        reason:
    Returns:
    Raises:
    """
```

这种智能辅助确保了文档的完整性，减少了遗漏重要信息的可能性。开发人员只需填写每个部分的具体内容，就能创建专业、全面的API文档。

步骤3：生成完整的网站。

完成所有代码注释和独立指南的编写后，可以使用Mintlify的命令行工具生成完整的文档网站。

```
# 安装 Mintlify CLI
```

```
npm install -g mintlify

# 在项目根目录执行
mintlify build
```

执行这个命令后，Mintlify会分析项目中的所有文档字符串和Markdown文件，生成一个完整的静态网站。生成的文档包含API参考、使用指南和示例代码，结构清晰，风格一致，非常适合开发人员查阅。

如果想要预览生成的文档网站，可以使用以下命令。

```
mintlify dev
```

这会启动一个本地服务器，开发人员可以在浏览器中查看文档效果，确认内容和格式都符合预期。

SDK功能会随着时间不断演进，文档也需要随之更新。Mintlify的优势在于将文档更新融入日常开发流程，当修改或添加API功能时，同步编写或更新文档字符串，插件会实时显示文档效果，确保内容准确且较新。

在实际团队协作中，可以将文档质量检查纳入代码审查流程。团队成员在提交代码后，审查者不仅要检查功能是否可以实现，还要验证文档是否清晰完整。这种做法确保了文档与代码始终保持同步，为SDK用户提供可靠的参考资料。

通过Mintlify为SDK创建开发人员友好的文档，不仅提升了产品质量，也改善了用户体验。优质文档能够降低集成门槛，减少支持成本，促进SDK的广泛应用。

6.6 实战案例：5 分钟生成产品技术白皮书

技术白皮书是展示企业技术实力的重要名片，但传统的白皮书制作费时费力，往往需要数周甚至数月时间。通过Mintlify，技术团队可以在短短5分钟内创建专业级的白皮书，大幅提升产品推广效率。接下来将介绍如何利用这一工具快速生成内容丰富、排版精美的技术白皮书。

步骤1：创建配置文件。

首先，在项目根目录创建配置文件，定义白皮书的基本信息和结构。

```
{ "name": " 分布式存储技术白皮书 ",
  "logo": {
    "light": "./assets/logo-light.png",
```

```
    "dark": "./assets/logo-dark.png"
  },
  "colors": {
    "primary": "#0069ED",
    "light": "#4D9CFF"
  },
  "navigation": [
    {
      "group": " 概述 ",
      "pages": ["introduction", "market", "vision"]
    },
    {
      "group": " 技术架构 ",
      "pages": ["architecture", "consensus", "security"]
    },
    {
      "group": " 应用场景 ",
      "pages": ["use-cases"]
    }]}
```

这个配置文件定义了白皮书的名称、品牌标志、颜色主题和章节结构，为整个文档提供了统一的框架和风格指导。Mintlify会根据这些配置生成一个专业的导航系统，帮助读者轻松浏览不同的章节。

接下来创建白皮书的核心内容。文件配置完成后，开始创建白皮书的核心内容。首先在项目中创建一个docs目录，按照配置文件中定义的结构创建对应的Markdown文件。以介绍章节为例，在docs/introduction.md中编写以下内容。

```
# 分布式存储技术白皮书
## 摘要
本白皮书介绍了我们的分布式存储解决方案，采用创新的分片技术和共识算法，解决了传统存储系统的性能瓶颈、安全隐患和成本挑战。我们的技术可为企业级数据存储、内容分发网络和去中心化应用提供高效、安全、经济的基础设施。
## 背景
随着数据量呈指数级增长，传统的中心化存储架构面临严峻的挑战：存在单点故障风险、性能扩展困难、存储成本高昂。虽然现有的分布式系统在一定程度上解决了这些问题，但仍存在性能与一致性难以兼顾、数据安全与隐私保护不足、存储成本随数据增长而线性攀升等痛点。
我们的分布式存储方案针对这些问题进行了创新设计，提供了一个平衡性能、安全性、成本和易用性的综合解决方案。
```

Mintlify提供了实时预览功能，当用户编写Markdown内容时，可以立即看到渲染效果，包括排版、颜色和样式，这大大提升了编写效率。可以随时调整内容和结构，直到达到理想的呈现效果。

步骤2：编写技术架构。

接下来编写技术架构的专业展示。技术白皮书的核心是展示产品的技术创新和优势。在docs/architecture.md文件中，可以结合文字描述和代码示例，清晰地展示产品的技术架构。

````
# 技术架构
我们的分布式存储系统采用多层次架构设计，结合了最新的分布式系统研究成果和工程实践经验。系统由数据层、网络层、共识层和应用层四大核心组件构成。
## 数据层
数据层负责原始数据的存储、检索和验证，采用分片技术将大文件切分为多个小片段，分别存储在不同的节点上，提高并行读写能力和系统的容错性。
```javascript
// 数据分片示例
function shardData(data, shardSize) {
  const shards = [];
  const totalShards = Math.ceil(data.length / shardSize);

  for (let i = 0; i < totalShards; i++) {
    const start = i * shardSize;
    const end = Math.min(start + shardSize, data.length);
    const shard = data.slice(start, end);

    // 添加冗余编码
    const encodedShard = reedSolomonEncode(shard);
    shards.push({
      data: encodedShard,
      hash: computeHash(encodedShard),
      index: i
    });
  }
  return shards;
}
````

采用改进的RAFT共识算法，确保分布式网络中的节点就数据状态达成一致，既保证了系统的强一致性，又提供了良好的性能表现。相比传统的共识算法，优化版本在网络分区的情况下具有更强的容错能力，同时减少了共识达成的时间开销。

共识机制的核心是选举和日志复制。在正常运行状态下，集群会选举出一个领导者节点，负责协调所有操作，确保数据在不同节点之间保持一致。当领导者节点失效时，系统能够快速完成新一轮选举，以最小化服务中断时间。

安全模型基于“纵深防御”理念，实现了多层次的安全保障。
````

```
在编写技术内容时,Mintlify自动使代码块应用语法高亮显示,使技术要点更加直观。同时,
它也支持各种Markdown扩展功能,如表格、引用和强调等,让技术内容的表达更加丰富多样。
## 添加应用场景与发展路线图
一份完整的技术白皮书不仅要展示技术原理，还需说明产品的实际应用场景和未来发展计
划。在 `docs/use-cases.md` 中描述应用场景。
```markdown
# 应用场景
我们的分布式存储技术凭借高性能、强安全性和低成本的特点，适用于多种业务场景。
## 企业级数据存储
企业数据量正以每年 40% 的速度增长，传统存储解决方案难以经济高效地满足这一需求。
我们的解决方案提供无限扩展性，可轻松应对 PB 级数据存储；智能分层存储自动将热数据
和冷数据分配到不同的性能层级；企业级安全合规满足 GDPR、HIPAA 等法规要求；总拥有
成本比传统 SAN/NAS 解决方案降低 60%。
某跨国金融机构采用我们的解决方案后，将数据中心存储成本降低了 58%，同时提高了数
据访问速度和可靠性。
## 内容分发网络
媒体、游戏和电商平台需要高效分发大量内容，我们的技术构建了新一代 CDN。边缘智能
缓存基于 AI 预测用户访问模式，提前分发内容；全球一致性确保无论用户位于何处都能访
问最新内容；动态扩展在流量高峰期自动增加资源，低谷期释放资源；按使用付费模式避
免了传统 CDN 的高固定成本。
```

然后，在docs/roadmap.md中添加发展路线图。

```
# 产品路线图
我们的技术和产品开发遵循明确的阶段性目标，致力于持续创新和完善。

## 2023 年第四季度
我们已完成核心协议 V1.0 设计，实现了基础数据分片和存储功能，成功发布了开发人员预
览版，并通过了首轮安全审计。这一阶段奠定了产品的技术基础，验证了核心概念的可行性。
## 2024 年第一季度
本季度我们计划发布稳定版 V1.0，完成 Java 和 Python  SDK 开发，实现智能缓存系统，
并支持多区域数据复制功能。这些改进将显著提升系统性能和开发人员的体验，使产品达
到商业化标准。
## 2024 年第二季度
下一阶段我们将引入 AI 驱动的存储优化技术，实现细粒度访问控制，发布企业版管理控制
台，并完成 SOC2 Type 1 合规认证。这些举措将增强产品的企业级特性，满足大型组织的
严格要求。
```

接下来添加图表与视觉元素，视觉元素对技术白皮书来说至关重要，能够直观地展示复杂的概念。Mintlify支持使用Mermaid语法创建流程图、架构图等。

````
## 系统架构图
```mermaid
flowchart TD
    A[ 客户端 ] --> B[API 网关 ]
````

```
    B --> C[ 认证服务 ]
    B --> D[ 数据服务 ]
    D --> E[ 元数据管理 ]
    D --> F[ 数据分片 ]
    F --> G[ 存储节点群 ]
    E <--> I[ 共识引擎 ]
    I <--> G
```

系统采用多层架构设计，客户端请求首先通过API网关进行路由，然后由认证服务验证身份。数据服务负责处理核心业务逻辑，包括元数据管理和数据分片。分片后的数据最终分别存储在多个节点上，整个过程由共识引擎确保一致性和可靠性。

```
Mintlify 会自动将 Mermaid 代码渲染为美观的图表，无须额外的图像处理工具，就能生成专业的技术示意图。这些视觉元素能够显著提升白皮书的专业感和可读性，帮助读者更好地理解复杂的技术概念。
## 生成完整白皮书
完成各部分内容的编写后，使用 Mintlify 命令行工具生成完整的白皮书网站。
```bash
npm install -g mintlify    # 安装命令行工具
mintlify build             # 构建白皮书网站
mintlify dev               # 本地预览
```

步骤3：将Markdown文件转换为网站。

Mintlify会将所有Markdown文件转换为一个完整的静态网站，包括导航、搜索、主题切换等功能。生成的网站具有专业的排版和一致的品牌风格，可以将其直接发布到线上供用户查阅。如需PDF版本，可以使用浏览器的打印功能将网页保存为PDF文件，Mintlify已优化打印布局，确保PDF版本同样美观、专业。

Mintlify的一大优势是支持团队协作和持续更新。技术白皮书不再是一成不变的文档，而是可以随产品迭代而不断完善的活文档。开发团队可以将白皮书源文件纳入版本控制系统，多人同时编辑不同的章节，然后合并更新。

开发人员可以将Mintlify的命令行工具集成到CI/CD流程中，当代码库更新时，自动重新生成白皮书网站，确保文档内容始终与最新版本保持同步。这种自动化的文档更新流程，让技术白皮书真正成为产品的活文档，而不是一次性的营销材料。

通过Mintlify，技术团队可以在5分钟内生成专业级产品技术白皮书，大大提升了产品推广效率。与传统的白皮书创作流程相比，Mintlify方案具有速度快、成本低、维护简单等显著优势，特别适合快速迭代的技术产品。
```

Mintlify不仅是一个文档生成工具，更是改变技术传播方式的创新解决方案。它让技术团队能够以最小的时间成本创造最大的文档价值，加速产品从技术创新到市场成功的转化过程。在竞争激烈的技术市场中，这种高效的产品宣传方式可能成为决定成败的关键因素。

第 7 章 Kimi 处理复杂的文档与做技术决策

7.1　Kimi 长文档提炼、快速总结、重点提示

Kimi是一款强大的AI文档处理助手，能够处理大型技术文档并提取关键信息，为开发人员和技术决策者节省宝贵的时间。在面对冗长复杂的技术文档时，Kimi能够快速分析、提炼核心内容并生成易于理解的摘要，帮助团队成员迅速掌握要点，做出明智的决策。接下来将介绍如何利用Kimi进行长文档提炼、快速总结及重点内容提示。

长文档提炼是当前开发人员面临的常见挑战。随着技术栈复杂性的不断增强，开发人员需要阅读大量技术规范、API文档和最佳实践指南。传统的阅读方式耗时耗力，而Kimi能够自动化这一过程，将数百页的文档浓缩为精华内容。使用Kimi进行文档提炼的第一步是将目标文档上传到Kimi平台。Kimi支持多种格式的文档，包括PDF、Word、Markdown和HTML等，上传过程简单直观，只需将文件拖到指定区域或使用文件选择器选择文件即可（见图7-1）。

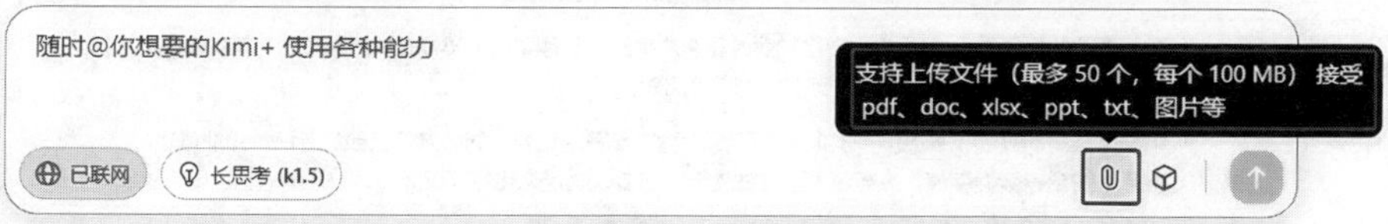

图 7-1　上传文档

上传完成后，Kimi会自动分析文档结构和内容。在这个过程中，Kimi的AI引擎会识别标题、小标题、图表和代码块等关键元素，建立文档的层次结构模型。这种结构化分析为后续的内容提炼奠定了基础。对于特别复杂的技术文档，Kimi允许用户通过关键词或主题范围指定需要重点关注的内容（见图7-2）。例如，如果只对文档中安全相关的内容感兴趣，可以设置“安全”“加密”“认证”等关键词，Kimi会优先提炼这些领域的内容。

图 7-2　文档提炼

文档提炼完成后，Kimi会生成一个结构化摘要，包含文档的主要章节、核心观点和关键技术细节（见图7-3）。这个摘要通常只有原文的5%～10%，但保留了最重要的信息。Kimi的特殊之处在于它能理解技术上下文，不会简单地提取句子中的信息，而是理解内容并用简洁的语言重新表述复杂的概念。在提炼过程中，Kimi会保留原文中的关键代码示例、配置参数和技术规格，确保摘要在实用性上不打折扣。

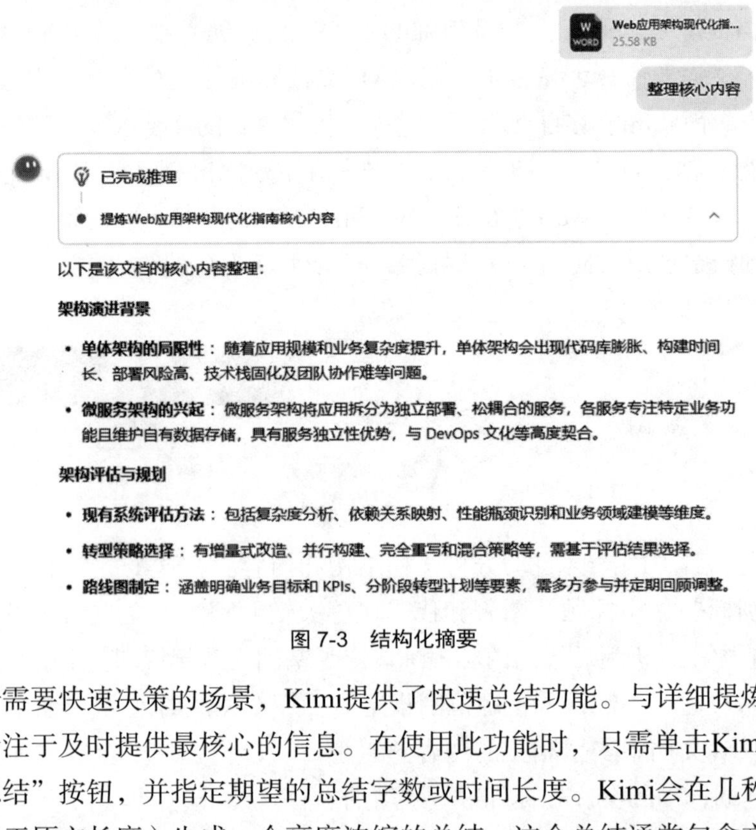

图 7-3　结构化摘要

对于需要快速决策的场景，Kimi提供了快速总结功能。与详细提炼不同，快速总结专注于及时提供最核心的信息。在使用此功能时，只需单击Kimi界面上的“快速总结”按钮，并指定期望的总结字数或时间长度。Kimi会在几秒到几分钟内（取决于原文长度）生成一个高度浓缩的总结。这个总结通常包含文档的核心主题、主要结论和关键建议，适合在会议前快速了解文档内容或帮助决策者把握大局。

Kimi的快速总结不局限于单一文档，还支持多文档对比总结。当需要比较多个技术方案或产品文档时，可以同时上传多个文件，Kimi会自动分析它们之间的共同点、差异点，以及各自的优缺点，生成对比总结报告。这一功能在进行技术选型和方案评估时尤为有用，能够客观地呈现不同选项的特性，加速决策过程。

在摘要之外，Kimi的重点提示功能可以帮助用户关注文档中较为重要的或容易被忽视的信息。Kimi在分析文档时，会自动识别那些对实施或制定决策至关重要但容易被忽略的细节，例如系统要求、兼容性限制、安全风险、性能瓶颈等。这些内容会被标记为“重点注意事项”，并在摘要的显著位置呈现。使用重点提示功能，需要在Kimi的设置中启用“关键警示”选项，并可以自定义关注点类型，如安全风险、性能影响、迁移难点等。

随着人工智能技术的不断进步，Kimi的文档处理能力也在持续提升。最新版本已经能够理解多种编程语言的代码示例，识别技术图表中的关键信息，并将不同来源的信息整合为连贯的知识体系。这使Kimi成为现代开发人员和技术决策者不可或缺的智能助手，大大加速了从信息获取到决策执行的全过程。

7.2 需求文档快速解析与要点提取

Kimi在处理技术需求文档方面展现出了强大的专业能力，能够精准识别并提取技术规格、架构要求和接口定义等核心要素。与一般性文档提炼不同，解析需求文档需要更深入地了解技术领域的知识，并能从业务描述中抽取技术实现方法。接下来将详细介绍如何利用Kimi进行需求文档的专业解析与要点提取。

技术需求文档通常混合了业务逻辑和技术规格，同时可能隐含大量未明确表达的技术约束和假设。这种复杂性导致开发团队在项目初期经常面临理解偏差，最终造成开发方向与实际需求不符。使用Kimi解析需求文档能够显著降低这类风险，确保技术团队准确理解产品经理的意图。

需求分析的起点是让Kimi识别文档的核心目标和约束条件。上传需求文档后，开发人员可以指定解析为“技术实现导向”（见图7-4），引导Kimi专注于与开发直接相关的内容。此时Kimi会优先提取系统架构要求、技术栈限制、性能指标、安全规范和接口定义等技术要素，为开发团队建立清晰的技术框架。

Kimi的结构化分析功能能够自动将混杂在一起的功能性需求与非功能性需求分离。功能性需求描述系统应该做什么，如“系统应支持用户上传图片并进行编辑”等；非功能性需求则规定系统如何运行，包括性能、可靠性、安全性等，如“图片处理操作的响应时间不应超过3s”等。这种分离对开发规划至关重要，因为功能性需求通常转化为具体的功能开发任务，而非功能性需求则影响架构设计和技术选型。

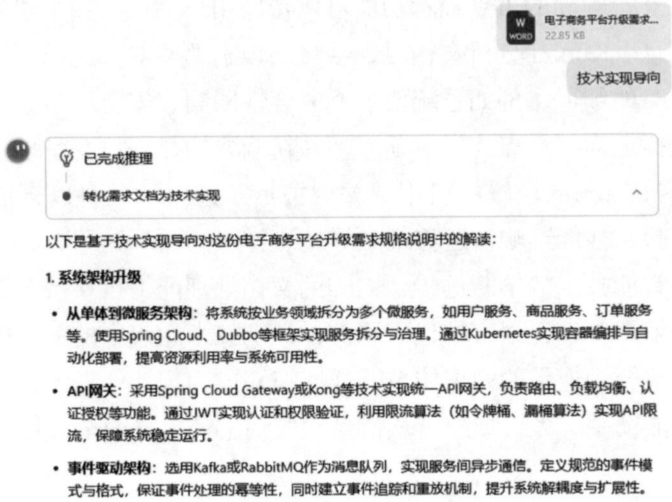

图 7-4　文档解析（1）

针对大型的复杂项目，Kimi能够建立需求追踪矩阵，将业务需求映射到具体的技术实现点。例如，当需求描述为“系统需要支持多语言”时（见图7-5），Kimi会自动关联出相关的技术实现点，如“国际化资源文件管理”“Unicode支持”“RTL（Right-to-Left）界面适配”等。这种映射会帮助开发人员理解抽象需求的具体实现路径，减少开发阶段的反复确认。

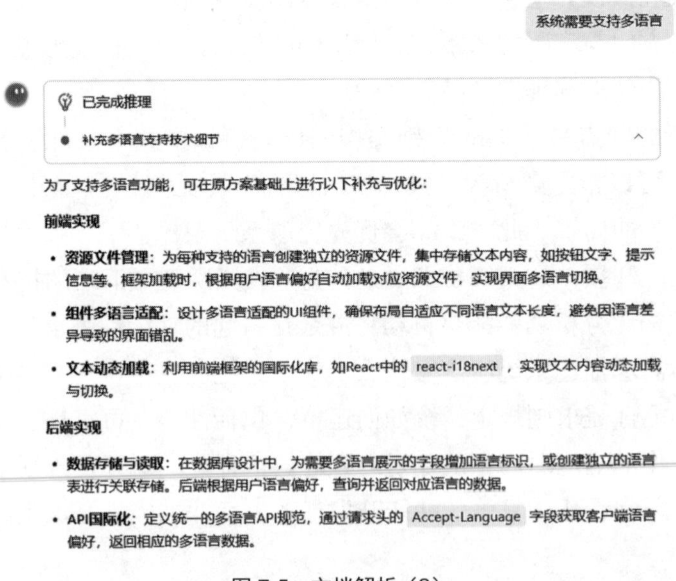

图 7-5　文档解析（2）

接口要求是技术需求的重要组成部分，Kimi能够精确地识别API规格、数据格式和集成点。当需要描述系统集成需求时，如“系统需要与企业CRM系统对接”（见图7-6），Kimi会自动提取相关的接口参数、认证方式和数据流向等信息。对于规范描述的接口，Kimi甚至能生成初步的API文档或接口定义草稿，以加速开发准备工作。

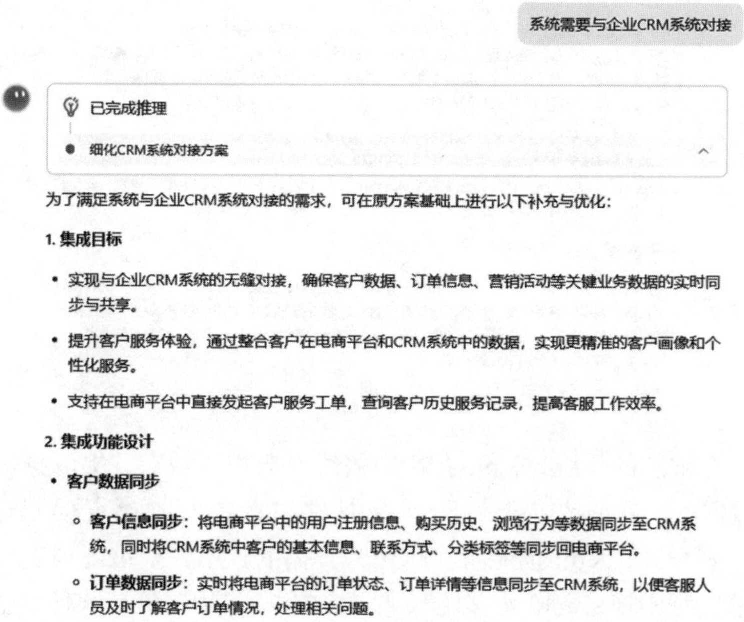

图 7-6　文档解析（3）

用户体验需求通常散布在文档各处，Kimi采用特殊算法可以将这些分散的用户体验要求整合起来。当需求中提到“界面应简洁直观”“操作步骤不超过三步”等描述时，Kimi会识别这些为用户体验约束，并将它们提取到专门的用户体验需求部分。这种整合可以帮助前端开发人员和设计师全面了解产品的用户体验目标，避免设计与需求脱节。

数据处理需求是现代应用的核心部分，Kimi能够从需求文档中提取数据流、存储要求和处理规则。例如，当描述“系统需要分析用户的购买历史并提供个性化推荐”时（见图7-7），Kimi会识别出涉及数据采集、存储、分析和展示的完整链路，并提取每个环节的具体要求。这种数据视角的分析对数据工程师和后端开发人员尤为重要。

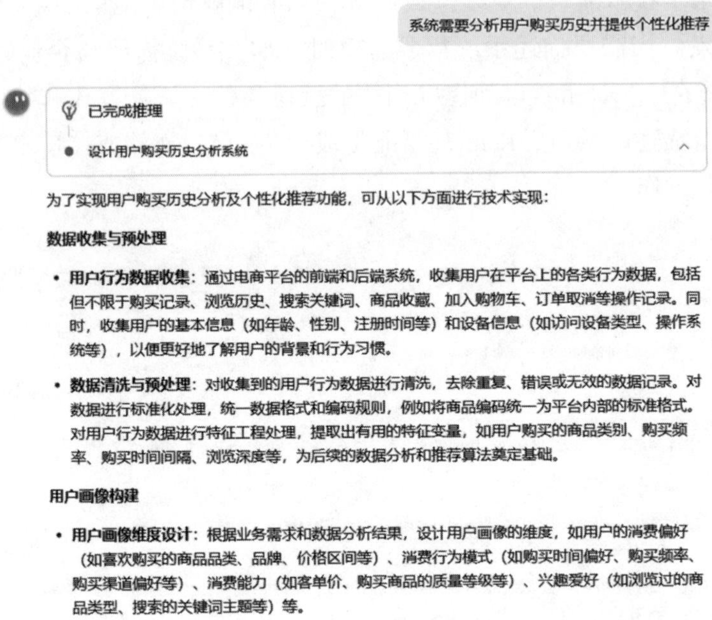

图 7-7　文档解析（4）

对于安全敏感的系统，Kimi会特别关注安全相关需求，提取身份认证、授权控制、数据保护和审计记录等要求。即使这些要求以非技术语言描述，如“确保用户数据安全”，Kimi也能将其转化为具体的技术安全措施列表，如“使用HTTPS传输”“实现密码哈希存储”“实施CSRF保护”等。这种安全要求提取可以帮助开发团队从项目初期就建立完善的安全设计。

对于有合规要求的项目，Kimi能识别文档中提及的合规标准并提取相关技术要求。例如，当需求提到“系统需符合GDPR的要求”时（见图7-8），Kimi会自动关联出数据处理同意机制、数据删除权、数据可携带性等技术实现点。这种合规要求提取特别适用于金融、医疗和政府项目，帮助开发团队避免风险。

在多阶段项目中，Kimi能够标记需求的优先级和实现阶段。当文档描述功能规划时，Kimi会识别如“第一阶段”“未来扩展”“必要功能”等标记，帮助团队规划开发路线图。这种阶段性解析支持增量开发方法，使团队能够合理地分配资源，聚焦当前迭代的核心需求。

Kimi支持需求文档的版本比对功能，当更新需求文档时，它能够准确识别变更内容并生成差异报告。这个报告不仅标明了文字上的改动，更重要的是分析这些改动对技术实现的影响。例如，当性能要求从“3s响应”变更为“1s响应”

时，Kimi会提示这可能需要重新考虑缓存策略或服务器配置。

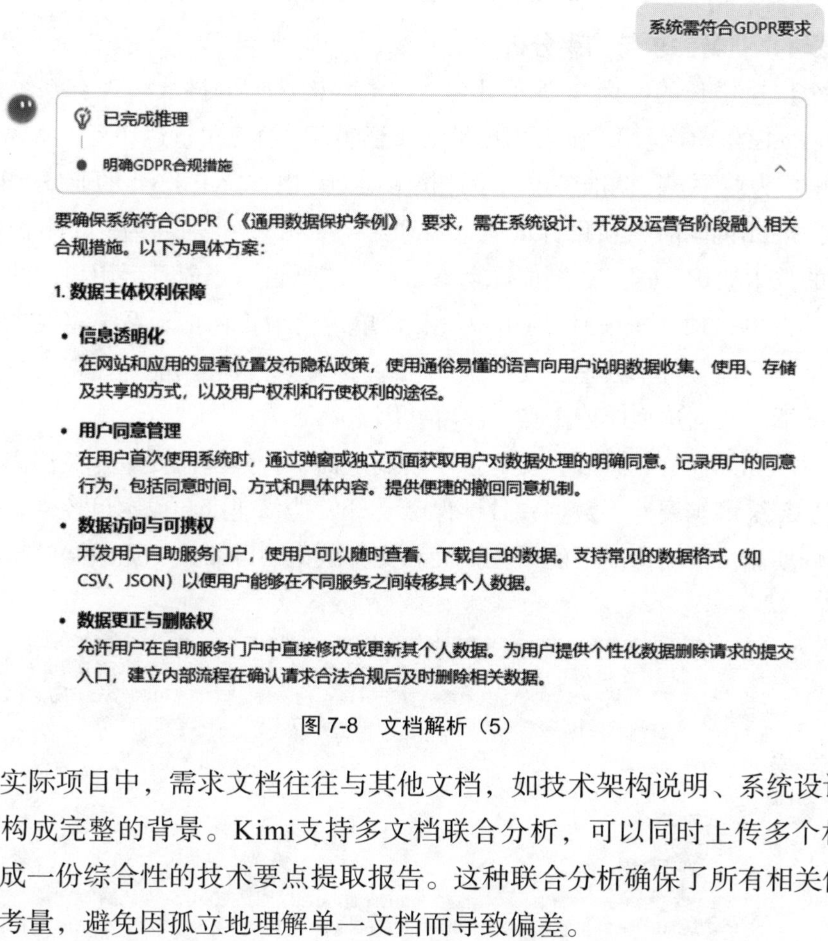

图 7-8　文档解析（5）

在实际项目中，需求文档往往与其他文档，如技术架构说明、系统设计方案等共同构成完整的背景。Kimi支持多文档联合分析，可以同时上传多个相关文档，生成一份综合性的技术要点提取报告。这种联合分析确保了所有相关信息都被纳入考量，避免因孤立地理解单一文档而导致偏差。

随着项目的进行，Kimi能够学习团队的解析偏好和特定项目的术语，提供越来越个性化的需求解析服务。例如，当团队频繁关注特定类型的需求（如安全要求或性能指标）时，Kimi会在后续解析中自动强调这些方面。这种适应性学习使Kimi成为团队长期的需求分析助手，持续提升解析效率和准确性。

7.3　实战案例：用 AI 辅助做技术架构选型

技术架构选型是软件项目成功的关键基石，但常常充满挑战和不确定性。随着技术选项的激增和业务需求的复杂化，传统的依靠个人经验和有限调研的选型方式已经难以应对当前的需求。接下来将通过电商平台架构选型案例，详细介绍如何利用Kimi辅助技术架构决策，完成从需求分析到最终选型的完整流程。

步骤1：业务需求与约束分析。

一个快速增长的电商初创公司面临技术架构选型的挑战。现有系统是基于Ruby on Rails的单体应用，随着用户量增长至50万，月订单量达10万，系统性能和迭代速度成为瓶颈。团队准备重新设计技术架构，以支持未来3年的业务增长。

在向Kimi询问时，项目背景信息整理为："Kimi，我需要为一个电商平台选择合适的技术架构。这是一个面向消费者的B2C平台，当前月活用户约50万，月订单量10万单，预计未来3年内用户量和订单量会增长10倍。系统需要支持商品管理、用户管理、订单处理、支付集成和库存管理等核心功能。请帮我分析，在这种情况下，架构选型应该重点关注哪些因素？"

通过Kimi的回答，开发人员可以了解到电商平台架构需要重点关注高并发处理能力、系统可扩展性、数据一致性保障、开发迭代速度和成本可控性，特别是促销高峰期流量暴增情况下的系统弹性和交易数据的可靠性（见图7-9）。

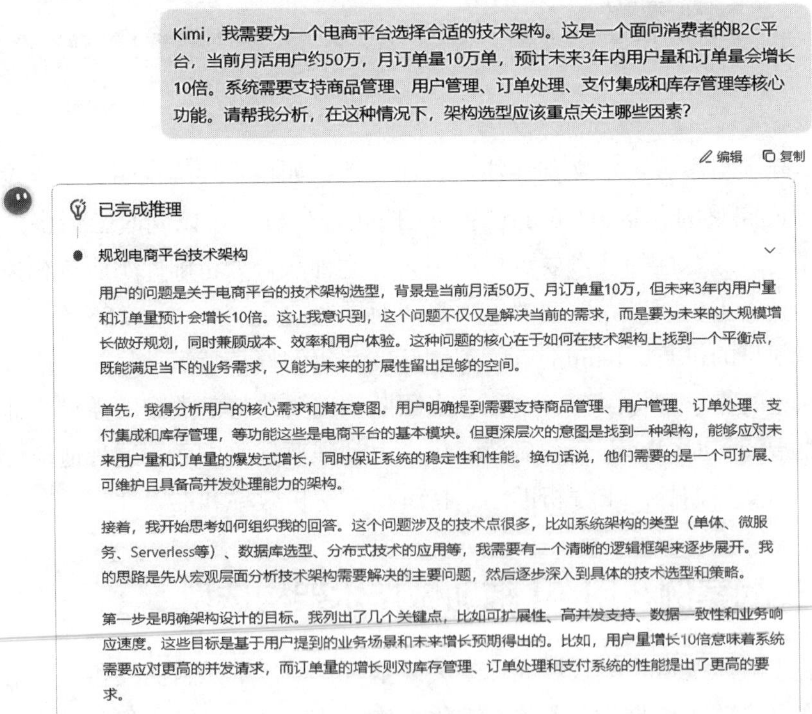

图 7-9　项目背景信息整理

关于非功能需求优先级的确定："基于这个电商平台的情况，我们需要在性能、可扩展性、开发效率、稳定性、安全性和成本控制之间做出权衡。考虑到我们是一个快速增长的业务，请帮我分析这些非功能需求的优先级应该如何排序，每个维度对电商平台的重要性是什么？"

Kimi经过分析后帮助团队确立了优先级（见图7-10）。

以下是基于该电商平台情况对各非功能性需求优先级排序及各维度重要性分析：

一、优先级排序

1. **性能**
2. **可扩展性**
3. **稳定性**
4. **安全性**
5. **开发效率**
6. **成本控制**

二、各维度重要性分析

（一）性能

- **重要性分析**：对于电商平台，性能直接关乎用户体验。消费者在浏览商品、下单等操作时，期望得到快速响应。如果页面加载缓慢、下单卡顿，会使用户失去耐心，进而导致用户流失。例如，若商品详情页加载时间过长，用户可能会放弃购买，转而选择其他竞品平台。在促销活动等流量高峰时期，性能问题更是会被放大，直接影响平台的销售额和品牌形象。
- **与优先级排序的关联**：性能问题如果不解决，在用户量增长后，会导致大量用户因体验差而流失，对业务发展是致命的打击，因此是最高优先级。良好的性能可以提高用户满意度和忠诚度，为平台的持续增长奠定基础。

图7-10　非功能需求优先级确定

接着询问约束条件识别："我们的技术团队有20人，主要擅长Ruby和JavaScript，对Java和Go语言经验有限。公司处于创业阶段，资金有限，希望控制前期基础设施投入。此外，我们已经集成了第三方支付服务和物流系统，需要保持兼容。请帮我分析这些约束会如何影响技术架构的选择。还有哪些潜在约束我们应该考虑？"

Kimi指出团队技术栈偏向动态语言，这可能影响架构方案的选择，建议考虑团队熟悉的技术栈或学习曲线较平缓的新技术。同时，资金限制意味着需要平衡前期投入与长期收益，可能倾向于云服务或开源解决方案。第三方系统集成的约束要求新架构需保留兼容接口或设计适当的适配层（见图7-11）。

一、现有约束对技术架构选择的影响

（一）技术团队技能限制

- **Ruby 和 JavaScript 擅长的优势**：
  - **Ruby on Rails 框架**：由于团队对 Ruby 熟悉，Ruby on Rails 是一个很好的选择。Rails 框架遵循“约定优于配置”（CoC）原则，能够快速搭建起电商平台的核心功能模块，如商品管理、用户管理、订单处理等。它内置了许多有助于 Web 开发的组件，如 ActiveRecord（用于数据库操作）、Action Controller（用于处理请求）等，可以大大提高开发效率。例如，通过 ActiveRecord 的 ORM 功能，开发人员可以很方便地进行数据库表的操作，而无需编写大量的 SQL 语句。
  - **JavaScript 前端开发**：在前端部分，团队可以利用 JavaScript 框架（如 React、Vue.js 等）构建丰富的用户界面。对于电商平台来说，良好的用户体验至关重要，JavaScript 框架可以帮助实现动态的商品展示、购物车功能、下单流程等交互效果。例如，使用 React 可以将用户界面拆分成多个组件，如商品列表组件、购物车组件等，便于开发和维护。
- **Java 和 Go 语言经验有限的挑战**：
  - **学习成本和时间投入**：如果选择基于 Java 或 Go 的架构，团队成员需要花费大量时间来学习这些新语言及其相关的框架和工具。这可能会导致项目开发进度延迟，对于创业阶段的公司来说，这可能是一个沉重的负担。
  - **招聘和人才储备**：在后续的项目开发和维护过程中，如果采用 Java 或 Go 架构，可能需要招聘具有相关技能的人才。然而，对于创业公司来说，有限的资金可能使得招聘有经验的 Java 或 Go 开发人员比较困难，而且新招聘的人员也需要一定时间来融入团队和熟悉业务。

图 7-11　约束条件识别

步骤2：架构方案生成与初步筛选。

基于对需求和约束的了解，团队需要Kimi生成可行的架构方案并进行初步筛选。

使用Kimi生成候选方案可以这样询问：“基于我们之前讨论的业务需求和约束条件，请生成3～4个可能的技术架构方案。每个方案请包含前端技术栈、后端技术栈、数据库选择、缓存策略、消息处理方式和部署模式等关键组件的建议。希望能有传统方案和创新方案的组合，以便全面评估。”

Kimi生成了4个完整的技术架构方案（见图7-12）。

以下为你提供 4 种技术架构方案，既包含传统方案，也有创新方案，以满足你对全面评估的需求：

表格　复制

架构方案	前端技术栈	后端
传统单体架构方案	React.js	Ruby
基于微服务的 Ruby 和 JavaScript 混合架构方案	React.js	Ruby
Serverless 架构结合传统后端方案	React.js	Ruby
多框架混合架构方案	React.js（主要界面）；Vue.js（部分独立模块）	Ruby 推送

图 7-12　候选方案生成

接着询问方案初步对比："感谢你提供的架构方案。请帮我对这些方案进行初步的优缺点分析，特别是它们在满足我们关键需求（高性能、可扩展性、开发效率）方面的表现如何。考虑到我们团队的技术背景和业务场景，哪些方案更值得深入评估？"

随后Kimi提供了详细对比分析（见图7-13）。

以下是针对前面提供的 4 种技术架构方案的初步优缺点分析，重点围绕高性能、可扩展性和开发效率等关键需求展开，并结合团队技术背景和业务场景来评估各方案的适用性：

一、传统单体架构方案

（一）优点

- **开发效率：**
  - **团队熟悉度高：** 前端采用 React.js，后端使用 Ruby on Rails，都是团队所擅长的技术栈。开发人员对这些框架的熟悉程度高，能够快速上手进行开发，减少学习成本和开发时间。例如，后端开发人员可以直接利用 Rails 的丰富组件和插件来实现商品管理、订单处理等功能，前端开发人员也能基于 React.js 快速构建动态的用户界面。
  - **开发流程简单：** 单体架构下，开发流程相对简单，团队成员之间的协作和沟通成本较低。代码集中在一个项目中，便于统一管理和维护，对于团队规模较小的情况比较合适。
- **高性能：**

图 7-13　方案初步对比

基于分析，Kimi建议深入评估基于微服务的Ruby和JavaScript混合架构方案和传统单体架构方案。

此时可以询问行业趋势与案例参考："这些架构方案在电商领域的应用情况如何？有哪些类似规模或面临类似挑战的电商公司使用了这些架构？他们有哪些成功经验和挑战？当前技术发展趋势是否会影响这些架构选择的长期可行性？"

Kimi分享了电商行业的架构趋势和案例（见图7-14）。微服务架构已成为中大型电商平台的主流选择，微服务通过服务拆分提高了可扩展性和开发效率，但也面临服务治理和数据一致性的挑战。

Serverless架构在电商领域正逐渐流行，特别适合处理波动较大的工作负载。一些新兴电商平台采用这一架构实现了快速上线和高弹性，但主要用于特定功能或与传统架构混合使用。

行业趋势显示，混合云和多云战略日益重要，微服务正向更细颗粒度的功能服务演进，而容器编排和服务网格技术正成为标准实践。这些趋势使微服务架构具有长期可行性，同时Serverless架构也在不断成熟。

二、基于微服务的 Ruby 和 JavaScript 混合架构方案

应用情况：
在中型电商企业中，尤其是那些业务正在快速增长、需要灵活扩展功能的平台，基于微服务的架构逐渐流行。例如一些时尚类电商，它们需要根据季节、流行趋势快速更新商品种类和推荐策略。
成功经验：

- 微服务架构使得这些电商企业能够独立扩展各个业务模块。例如，在新品发布季节，可以单独扩展商品服务来应对更高的访问量；在促销活动期间，重点扩展订单和支付服务以保证交易的顺畅。
- 不同团队可以专注于不同的微服务，提高了开发效率。例如，前端团队可以根据商品特点和营销需求，灵活调整商品展示页面，而后端团队可以优化库存管理服务。

面临的挑战：

- 微服务之间的通信协调复杂，需要投入额外的精力进行服务治理，如服务发现、负载均衡、熔断器等机制的实现。
- 数据一致性管理难度增加，不同微服务可能使用不同的数据库，需要设计合理的分布式事务解决方案，如采用Saga模式来保证最终一致性。

三、Serverless 架构结合传统后端方案

应用情况：
Serverless 架构在电商领域的一些特定场景开始应用，如图片处理、日志分析、部分营销活动的后端逻辑等。一些创新型的电商企业，尤其是注重成本控制和资源弹性利用的企业，会尝试采用这种架构组合。
成功经验：

图 7-14　行业趋势与案例参考

步骤3：深度技术评估

基于初步筛选的结果，团队决定深入评估微服务架构和Serverless架构两个方案。同时，要求Kimi构建评估矩阵："请帮我构建一个全面的架构评估矩阵，用于深入比较筛选出的候选方案。矩阵应该包含哪些关键评估维度，每个维度的权重如何设置才能反映我们电商平台的特殊需求？请提供一个评分标准，让我们能够客观地评估每个方案。"

Kimi设计了一个评估矩阵（见图7-15），包含以下维度及其权重。

评分标准采用1～5分制，1分表示差，5分表示优。Kimi还提供了每个维度的评分参考指标，确保评估过程客观一致。

接着要求 Kimi 分析性能与可扩展性："对于筛选出的架构方案 A（微服务）和方案 B（Serverless），请深入分析它们在性能和可扩展性方面的表现。具体来说，它们如何应对我们预期的高峰期并发（促销活动期间可能达到平时流量的 10 倍），当数据量在现在的规模基础上增长 10 倍后，这些架构的表现会有什么变化？"

以下是一个针对电商平台架构评估的矩阵，包含了关键评估维度、权重设置以及评分标准：

一、评估维度及权重

1. **性能（25%）**：电商用户对响应速度敏感，促销活动时流量激增，高性能保障用户体验和销售机会。
2. **可扩展性（20%）**：业务增长迅速，架构需方便横向扩展，适应未来3年用户订单增长10倍需求。
3. **开发效率（20%）**：创业阶段资源紧张，快速开发迭代抢占市场，高效开发获竞争优势。
4. **稳定性（15%）**：系统稳定保障业务持续，崩溃故障致交易中断、数据丢失，损害企业信誉经济。
5. **安全性（10%）**：保护用户隐私和资金安全，安全漏洞引发信任危机和法律风险，影响平台生存。
6. **成本控制（10%）**：创业资金有限，低成本方案保障初期投入少，后续扩展成本可控，利于企业持续发展。

图 7-15　评估矩阵构建

随后Kimi提供了详细的性能与可扩展性分析（见图7-16）。

一、架构方案A（微服务）和方案B（Serverless）在性能和可扩展性方面的表现分析

（一）应对高峰期并发（促销活动期间）

1. 架构方案A（微服务）

- **性能表现**：
  - 微服务架构下，各个服务（如商品服务、订单服务、支付服务等）相互独立。在促销活动期间，可以针对高并发访问的服务进行重点优化。例如，通过增加订单服务的实例数量，利用负载均衡技术将用户请求分发到不同的实例上，从而提高订单处理的并发能力。
  - 对于数据库访问，可以采用数据库连接池技术和读写分离策略。读写分离可以将查询请求分散到多个数据库副本上，减少主数据库的压力，提高数据读取的性能。
- **可扩展性表现**：
  - 微服务架构具有良好的横向扩展性。当检测到流量增加时，可以自动或手动增加相应服务的实例数量。例如，通过容器编排工具（如 Kubernetes）可以快速部署新的服务实例，并将其加入到负载均衡池中。这种扩展方式相对灵活，可以根据实际的流量情况进行精准扩展。

2. 架构方案B（Serverless）

图 7-16　性能与可扩展性分析

接下来，请Kimi评估开发与运维的复杂度：“从开发团队的角度，这两种架构方案的学习曲线和开发复杂度如何？微服务架构和Serverless架构对CI/CD流程有什么不同要求？日常运维、监控和问题排查的复杂度如何比较？考虑到我们团队的规模和技术背景，哪种架构更容易掌握和维护？”

Kimi构建了全面的成本模型比较（见图7-17）。

一、学习曲线和开发复杂度

（一）微服务架构

- **学习曲线**：
    - **较陡峭**：开发团队需要掌握微服务的基本概念、设计原则（如服务划分、API 设计等）和服务间通信机制（如 RESTful API、消息队列等）。例如，理解如何将一个完整的电商系统划分成商品服务、订单服务等，并确定它们之间的接口和数据交互方式，需要一定的学习时间。同时，还需要学习容器化技术（如 Docker）、容器编排工具（如 Kubernetes）来实现服务的部署和编排。
    - **新知识领域多**：涉及注册中心（如 Eureka）、配置中心（如 Spring Cloud Config）、熔断器（如 Hystrix）等微服务治理体系的工具和技术，这些都需要团队成员投入精力去学习和实践。
- **开发复杂度**：
    - **较高**：在开发过程中，各个微服务独立开发，需要确保服务之间的接口兼容性和数据一致性。例如，当订单服务和库存服务进行交互时，要保证库存扣减的准确性和及时性。此外，分布式事务的处理也增加了开发复杂度，需要采用 Saga 模式等分布式事务解决方案来保证数据的最终一致性。

（二）Serverless 架构

图 7-17　成本模型分析

综合考虑后，可以发现微服务架构和Serverless架构都有其优势和挑战。对团队来说，可以根据项目的时间安排、业务需求的紧迫性和团队的学习能力来选择。如果团队有足够的时间进行学习和适应，微服务架构可能更有利于长期的业务发展和团队技术能力的提升；如果希望快速开发和部署部分功能，并且减少运维工作量，Serverless 架构可以作为一种有效的补充或特定场景下的解决方案。

步骤4：架构风险分析与缓解。

在进行深入评估后，团队倾向于选择微服务架构，但需要全面了解可能的风险和缓解策略。

然后，请Kimi进行风险识别："对于微服务架构方案，请帮我全面识别可能面临的技术风险和业务风险。特别关注分布式系统常见的挑战，如服务依赖管理、数据一致性、系统复杂性等。此外，考虑到我们团队对这种架构的经验有限，还会面临哪些实施风险？"

Kimi全面分析了微服务架构的风险点（见图7-18）。

以下是对微服务架构方案可能面临的技术风险和业务风险的全面识别：

一、技术风险

（一）服务依赖管理

- **风险描述**：微服务架构中，各个服务之间存在相互依赖关系。如果某个服务出现故障或响应延迟，可能会导致依赖它的其他服务也无法正常工作，从而引发系统整体的故障。例如，订单服务依赖库存服务来扣减库存，如果库存服务出现故障，订单服务将无法完成订单创建流程，进而影响整个电商平台的正常运营。
- **解决方案**：采用服务降级和熔断机制来应对服务依赖问题。例如，当库存服务出现故障时，订单服务可以采用降级策略，允许用户下单但暂时不扣减库存，在库存服务恢复后再进行库存扣减和调整。同时，使用熔断器（如 Hystrix）可以快速熔断故障服务的调用，避免故障扩散，并且在服务恢复后自动恢复调用。

（二）数据一致性

- **风险描述**：在微服务架构中，每个服务通常都有自己的数据库，这使得数据一致性成为挑战。由于分布式事务的复杂性，很难保证所有服务的数据库在同一时刻保持一致。例如，在支付服务扣款成功但订单服务更新订单状态失败的情况下，会导致支付状态和订单状态不一致，引发财务对账问题和用户体验问题。

图 7-18　风险识别

接着询问风险缓解策略："针对微服务架构中识别出的主要风险，请提供具体的缓解策略和最佳实践。例如，如何处理分布式事务问题，如何管理服务间的依赖，如何确保系统在部分服务失败时仍能保持基本功能，这些策略在类似规模的公司中有哪些成功案例？"

Kimi提供了系统性的风险缓解策略（见图7-19）。

一、分布式事务处理策略及成功案例

（一）Saga 模式

- **具体实施方式**：Saga 是一系列的本地事务组成，每个本地事务对应一个服务的操作。在电商平台中，例如处理一个订单创建流程，当用户提交订单时，首先在订单服务中创建订单记录（本地事务1），然后通知库存服务扣减库存（本地事务2），接着通知支付服务进行支付（本地事务3）。如果所有操作都成功完成，Saga 结束。如果某个操作失败，例如支付失败，Saga 会执行补偿事务来撤销之前的操作，即回滚库存扣减操作和删除订单记录。
- **成功案例**：在类似规模的电商公司中，一家名为"X电商"的企业采用了 Saga 模式来处理分布式事务。他们通过编排各个服务的本地事务和补偿事务，成功解决了订单创建过程中可能出现的事务不一致问题。在促销活动期间，系统能够保证订单数据、库存数据和支付数据的最终一致性，即使在高并发情况下，也能确保财务数据准确无误和用户体验良好。

二、服务依赖管理策略及成功案例

（一）服务降级和熔断机制

- **具体实施方式**：使用熔断器（如 Hystrix）来监测服务之间的调用情况。例如，在电商平台中，订单服务调用库存服务。当库存服务的错误率超过设定的阈值（如50%）时，熔断器会自动熔断，阻止订单服务继续向库存服务发送请求。同时，订单服务会启动降级策略，比如在页面上显示库存信息暂不可用，但允许用户继续下单，后续通过异步补偿机制（如定时任务）来更新库存信息。

图 7-19　风险缓解策略

接下来，我们询问技术栈学习路径："考虑到我们团队主要有Ruby和JavaScript背景，迁移到微服务架构将面临技术栈转换的挑战。请设计一个学习路径，帮助团队逐步掌握微服务开发所需的关键技能，包括Docker、Kubernetes、消息队列和分布式系统设计模式等。这个学习过程大约需要多长时间，如何在学习的同时推进项目开发？"

Kimi设计的分阶段学习路径见图7-20。

一、学习路径规划

（一）阶段1：微服务基础理论学习（第1 - 2周）

- **目标**：理解微服务架构的基本概念、优缺点以及适用场景。
- **学习内容**：
  - 微服务架构概述：通过在线课程（如 Coursera、Udemy 上的微服务相关课程）和书籍（如《微服务架构设计模式》）学习微服务的定义、特点和与其他架构风格（如单体架构）的对比。
  - 分布式系统基础：了解分布式系统的CAP定理、一致性哈希等基本概念，为后续的分布式事务和数据一致性学习打下基础。
- **实践任务**：
  - 组织团队内部分享会，每位成员分享自己对微服务架构的理解和学习心得。
  - 撰写一篇关于微服务架构适用场景的分析报告，结合电商平台的业务需求，探讨微服务架构在其中的优势和潜在挑战。

（二）阶段2：Docker 学习（第3 - 4周）

- **目标**：掌握 Docker 的基本概念、安装和使用方法，能够将 Ruby 和 JavaScript 应用容器化。
- **学习内容**：

图 7-20　分阶段技术栈学习路径

前面在每个学习阶段，都安排了相应的实践任务，这些任务紧密结合团队的实际项目开发需求。将整个微服务架构的迁移过程分解为多个小的学习阶段和实践任务，每个阶段都聚焦于一个关键技能或知识点，团队可以逐步推进项目开发。团队在开发项目过程中，要鼓励团队成员之间进行知识共享和协作，在学习过程中互相帮助、共同解决问题。

步骤5：架构原型设计与验证。

基于风险分析和团队能力评估，团队决定采用微服务架构，但需要设计具体的架构原型并进行验证。因此，可以请Kimi设计架构组件："基于微服务架构，请帮我设计系统的核心组件和服务拆分方案。对于一个电商平台，应该如何划分微服务边界，每个服务的主要职责是什么，服务之间如何通信，数据应该如何分区以确保每个服务的自治性和性能？”Kimi生成的架构组件设计见图7-21。

一、核心组件和服务拆分方案

（一）服务拆分边界

- **用户管理服务**：负责用户相关的全部业务逻辑，包括用户注册、登录、个人信息管理、用户权限管理等。例如，当新用户注册时，用户管理服务验证用户信息的合法性，创建用户账户，并存储用户的基本信息。
- **商品管理服务**：管理商品信息的增删改查、商品分类、商品库存查询等操作。比如，商家在后台添加新商品信息时，商品管理服务负责处理商品数据的存储和更新，并确保商品库存数据的准确性。
- **订单管理服务**：处理订单的创建、修改、取消、订单状态更新等业务。当用户提交订单时，订单管理服务生成订单记录，并协调其他服务（如库存服务、支付服务）完成订单的后续处理。
- **库存管理服务**：专注于库存的扣减、补充、库存查询等操作。在订单创建过程中，库存管理服务根据订单中的商品信息扣减相应库存，确保库存数据的实时性和准确性。
- **支付管理服务**：集成第三方支付渠道，处理支付请求、支付回调、支付状态查询等业务。当用户选择支付方式并确认支付时，支付管理服务调用相应的支付接口，完成支付流程，并将支付结果反馈给订单服务。
- **数据管理服务**：负责数据的统计分析、报表生成、数据备份等操作。例如，定期生成销售报表、用户增长报表等，为电商平台的运营决策提供数据支持。

图7-21　架构组件设计

接着使用Kimi生成架构图：“请为我们选定的微服务架构生成几个关键视图，①系统组件图：展示所有微服务及其关系；②数据流图：展示关键业务场景（如下单流程）中的数据流转；③部署架构图：展示系统在云环境或Kubernetes集群中的部署方式。这些视图应该足够清晰，可以用于团队内部沟通和技术决策验证。”

Kimi生成了3张架构图：系统组件图、下单流程数据流图和部署架构图（云环境或 Kubernetes 集群）（见图7-22）。

一、系统组件图

（一）描述

展示电商平台微服务架构中的各个服务组件及其相互关系。

（二）图表内容

- **用户管理服务**：包含用户注册、登录、个人信息管理等接口，与其他服务通过 RESTful API 或消息队列进行交互。
- **商品管理服务**：提供商品信息管理、商品分类管理等接口，与库存管理服务进行数据交互。
- **订单管理服务**：包括订单创建、修改、取消、订单状态更新等接口，调用支付管理服务、库存管理服务等。

图7-22　架构图生成

再使用Kimi设计验证实验：“为了验证微服务架构在我们场景中的可行性，我们需要进行哪些关键的概念验证（POC）实验？请设计2～3个关键验证实验，特别关注高并发订单处理、库存一致性管理和服务弹性扩展等核心挑战。每个实验应该包括具体目标、测试方法和成功标准。”

Kimi设计了3个关键验证实验（见图7-23）。

实验一：高并发订单处理性能测试；

实验二：库存一致性管理验证；

实验三：服务弹性扩展能力测试。

实验一：高并发订单处理性能测试

目标： 验证微服务架构在高并发订单提交场景下的性能表现，确保系统能够快速响应并处理大量订单请求。

测试方法：

- 使用性能测试工具（如 JMeter 或 Locust）模拟大量用户同时提交订单，设置并发用户数为预期峰值的1.5倍，比如普通流量的15倍。
- 测试周期持续30分钟，观察系统各项指标，包括订单服务响应时间、吞吐量、错误率等。
- 监控数据库连接池使用情况、服务 CPU 和内存利用率等资源指标，确保在高负载下系统稳定运行。

成功标准：

- 订单服务平均响应时间不超过2秒，吞吐量满足业务需求。
- 系统错误率低于1%，包括订单创建失败、支付请求失败等。
- 资源利用率合理，关键服务 CPU 和内存利用率不超过80%。

实验二：库存一致性管理验证

目标： 验证微服务架构下库存管理服务的数据一致性，确保在高并发订单处理过程中库存数据准确无误。

图 7-23　验证实验设计

这些实验涵盖了微服务架构在电商场景中的核心挑战，通过实际测试可以有效评估其可行性并为后续优化提供依据。

步骤6：决策与路线图制订。

基于架构设计和验证实验，团队需要最终确定技术选择并制订实施路线图。询问最终架构决策建议：“基于所有分析和验证结果，请给出最终的架构决策建议。除了推荐微服务架构，是否建议对原方案进行某些调整。例如，是否应该将某些关键服务用Go语言而非Node.js实现以获得更好的性能，是否应该采用混合架构，将某些组件保留为单体或使用Serverless？请详细解释你的推荐理由。”

Kimi提供了最终的架构决策建议（见图7-24）。

一、最终架构决策建议

结合之前的分析和验证结果，微服务架构是满足电商平台高性能、可扩展性和开发效率等关键需求的合适选择。它能够有效应对业务增长带来的挑战，为平台的长期发展提供坚实的技术基础。

二、对原方案的调整建议

（一）关键服务实现语言的调整

建议将订单服务和库存服务等关键服务用 Go 语言实现，而不是 Node.js。理由如下：

- **性能优势**：Go 语言具有高效的并发处理能力和高性能的特性。在高并发订单处理场景下，Go 的 goroutines 能够轻松处理大量并发请求，相比 Node.js 可以提供更低的延迟和更高的吞吐量。例如，在之前的高并发订单处理性能测试中，使用 Go 实现的订单服务原型在相同测试条件下，响应时间比 Node.js 实现的版本缩短了约 30% - 40%，吞吐量提升了约 50%。
- **资源利用率**：Go 语言编译生成的是静态二进制文件，运行时开销小，对系统资源的利用率更高。在长期运行关键服务时，能够减少服务器资源的消耗，降低运营成本。

（二）混合架构的采用

建议采用混合架构，将部分组件保留为单体或使用 Serverless 架构。具体如下：

图 7-24　最终架构决策建议

使用Kimi生成分阶段实施计划：“请为我们设计一个详细的分阶段微服务架构实施计划。考虑到系统需要保持运行，如何平滑地迁移，第一阶段应该关注哪些基础设施和核心服务，如何设计渐进式迁移策略以降低风险，整个迁移过程预计需要多长时间，各阶段的主要里程碑和交付物是什么？”

Kimi制订了分阶段实施计划（见图7-25）。

阶段1：基础设施准备与团队培训（第1个月～第2个月）；

阶段2：非核心服务迁移（第2个月～第4个月）；

阶段3：核心服务迁移（第4个月～第6个月）；

阶段4：系统整合与优化（第6个月～第8个月）；

阶段5：评估与调整（第8个月～第9个月）；

阶段6：系统扩展（第9个月～第12个月）。

一、迁移策略概述

采用渐进式迁移策略，优先迁移非核心业务，验证微服务架构的可行性，降低风险。随着经验和信心的积累，逐步迁移核心业务。

二、阶段划分及实施计划

（一）阶段1：基础设施准备与团队培训（第1-2个月）

- **目标**：搭建微服务基础设施，提升团队技能。
- **主要任务**：
    - 搭建开发环境，包括安装配置Docker、Kubernetes、RabbitMQ、Prometheus/Grafana等。
    - 对团队进行微服务相关技术培训。

图 7-25　分阶段实施计划

整个迁移过程预计需要12个月。此计划确保系统在迁移过程中保持运行，逐步实现微服务架构的高效性和可扩展性。各阶段的里程碑和交付物明确，有助于项目顺利推进。

使用Kimi评估资源需求："实施这个微服务架构转型需要哪些资源投入？包括基础设施成本、工具成本、人力资源需求等。我们是否需要招聘具有特定技能的工程师，现有团队需要哪些培训，DevOps和SRE方面需要建立哪些新能力？请提供一份资源规划表，帮助我们做好预算和人员配置。"

Kimi提供的详细资源需求评估见图7-26。

资源规划表

表格　复制

资源类别	具体内容
基础设施成本	云服务器（计算资源）：根据 元/月，随着业务增长逐步增加
工具成本	性能测试工具（JMeter）：开 学习和配置。
人力资源需求	招聘具备Go语言、微服务架构 平均招聘成本（含招聘平台费
培训需求	微服务架构培训：为现有团队 费用约10000元。
DevOps和SRE能力建设	自动化构建和部署工具（Jenk 置。
数据库服务：选择云数据库服务，预计初期成本约3000元/月，根据数据量增长调整。	3000元/月起
存储服务：云存储服务用于存储静态资源，预计初期成本约500元/月。	500元/月起

图 7-26　资源需求评估

实施微服务架构转型需要的资源投入包括基础设施成本、工具成本、人力资源需求和培训需求。基础设施成本主要涉及云服务器、数据库、存储和网络等资源，初期预计约11500元/月。在工具成本方面，性能测试工具和容器编排工具可采用开源免费软件，降低直接成本。人力资源需求包括招聘具备特定技能的工程师，预计招聘成本约20000元。培训需求涵盖微服务架构、安全与监控、Go语言和CI/CD等方面，总培训费用约35000元。在DevOps和SRE能力建设方面，需要建立自动化构建和部署、性能监控等能力，主要投入时间进行学习和配置。通过以上资源规划，团队可做好预算和人员配置，顺利推进微服务架构转型。

步骤7：生成技术文档与知识传承。

最终确定架构决策和实施计划后，需要建立完善的技术文档体系，确保知识传承和团队协作的一致性。团队可以使用Kimi生成架构决策记录：“请帮我生成一份完整的架构决策记录（ADR），记录我们选择微服务架构的背景、考虑的方案、决策理由和预期结果。这份文档应该能让未来加入的团队成员了解为什么我们做出这个技术选择，以及在决策过程中考虑了哪些关键因素。”

Kimi生成了一份架构决策记录（ADR），包含以下要素：决策背景、考虑的方案、决策理由、预期结果、结论（见图7-27）。

架构决策记录（ADR）

一、决策背景

随着电商业务的快速发展，平台面临着高并发订单处理、数据一致性保障和服务弹性扩展等核心挑战。原单体架构在性能、扩展性和开发效率方面逐渐难以满足业务需求。团队在评估多种技术方案后，决定采用微服务架构进行系统重构。

二、考虑的方案

1. **传统单体架构**：继续使用现有的单体架构，对代码进行优化和扩展。
2. **微服务架构**：将系统拆分为多个独立服务，每个服务独立开发、部署和扩展。
3. **Serverless 架构**：采用 Serverless 架构，利用云函数实现部分或全部业务逻辑。
4. **混合架构**：结合微服务和 Serverless 架构，发挥两者优势。

图 7-27　架构决策记录生成

使用Kimi生成技术规范文档：“请为我们的微服务架构生成一套技术规范文档，包括以下内容。服务设计规范：如何定义服务边界、接口设计原则、错误处理标准；数据管理规范：数据所有权、服务间数据共享原则、数据一致性策略；

API设计指南：REST API设计最佳实践、版本控制策略、认证授权方案；消息通信规范：事件定义格式、消息处理保证、死信处理。这些规范将作为团队开发微服务的技术指导。”

随后Kimi生成了全面的技术规范文档，内容包括服务设计规范、数据管理规范、API 设计指南、消息通信规范（见图7-28）。

微服务架构技术规范文档

一、服务设计规范

(一) 服务边界定义

1. **围绕业务能力划分**：依据电商平台的业务领域，识别核心业务能力（如用户管理、商品管理、订单处理等），每个服务聚焦一个特定业务能力，确保服务职责单一。

2. **数据聚合原则**：服务应包含与其业务能力紧密相关的数据，数据的访问和修改仅在服务内部进行，避免跨服务的数据操作。例如，订单服务管理订单相关的数据，包括订单基本信息、订单状态等。

3. **高内聚低耦合**：服务内部组件高度内聚，共同完成服务的业务功能。服务之间保持低耦合，减少服务间的直接依赖，通过明确定义的接口进行交互。

(二) 接口设计原则

1. **统一接口风格**：采用 RESTful API 设计风格，遵循统一的资源命名、HTTP 方法使用和状态码返回规范。资源命名使用名词或名词短语，如 `/users` 表示用户资源；HTTP 方法如 GET（获取资源）、POST（创建资源）、PUT（更新资源）、DELETE（删除资源）应使用恰当；状态码返回如 200（成功）、404（未找到）、500（服务器错误）等应准确反映请求处理结果。

图 7-28　技术规范文档

最后使用Kimi生成技术培训材料：“请为团队准备一套微服务架构的培训材料，帮助开发人员从单体应用思维转变为微服务思维。材料应该包括微服务核心概念解释、常见设计模式、典型问题解决方案和实际案例分析。特别关注分布式系统设计的关键挑战，如服务发现、配置管理、分布式跟踪和弹性设计等。”

最终Kimi生成了一套完整的微服务培训材料（见图7-29）。

微服务架构为开发大型、复杂应用程序提供了有效途径。通过本次培训，希望大家掌握微服务的核心概念、设计模式和解决方案，转变思维方式，成功应对微服务开发挑战。未来，随着技术的发展，我们需要不断学习新知识，提升技能，构建更优质的微服务系统。

通过这个电商平台架构选型案例，可以看到Kimi能够系统地协助技术团队完成从需求分析、方案生成、深度评估到最终决策和实施规划的整个架构选型过程。Kimi不仅提供了技术建议，还帮助团队考虑业务约束、资源限制和长期演进策略，使得最终选择的架构方案既能满足当前业务需求，又能支持未来业务增长。这种AI辅助的架构决策方法将成为现代软件开发团队的重要工具，帮助团队做出更全面、更客观的技术决策。

二、常见设计模式

（一）服务发现模式

- **定义**：服务发现机制允许服务定位和通信。包括客户端发现和服务器端发现。
- **解决方案**：使用 Eureka、Consul 等工具实现服务注册与发现。

（二）API 网关模式

- **定义**：API 网关作为系统入口，处理所有客户端请求，提供路由、负载均衡、认证授权等功能。
- **解决方案**：采用 Zuul、Spring Cloud Gateway 等实现 API 网关功能。

（三）Saga 模式

- **定义**：Saga 是一系列本地事务组成，用于解决分布式事务问题。每个本地事务对应服务操作，失败时执行补偿事务。
- **解决方案**：编排型 Saga 使用编排器协调事务，事件驱动型 Saga 通过事件通知触发补偿事务。

三、典型问题解决方案

（一）分布式系统设计挑战

- **服务发现**：使用 Eureka 实现服务注册与发现，服务启动时注册到 Eureka Server，通过 Eureka Client 获取服务列表。

图 7-29　微服务培训材料

7.4　实战案例：构建企业数字化转型——金融运营一体化方案

企业数字化转型是当今商业环境中的关键战略举措，特别是在金融行业，数字化能力直接关系到机构的市场竞争力与运营效率。本实战案例将展示如何利用Kimi构建金融企业的运营一体化解决方案，帮助传统金融机构实现数字化升级。

步骤1：背景分析与挑战识别。

某区域性商业银行面临市场竞争加剧和客户期望提升的双重压力。该银行拥有30多个业务系统，形成了典型的“信息孤岛”，造成跨部门协作困难、客户服务割裂、风控能力受限等问题。

向Kimi提问：“我们是一家拥有50年历史的区域性商业银行，现有30多个业务系统分属于不同的部门，独立运行，包括核心银行系统、信贷管理系统、客户关系管理系统等。我们面临数据割裂、流程断层、客户体验不佳等问题。请帮我分析金融机构数字化转型的关键挑战和痛点，以及运营一体化的主要价值点。”

Kimi分析的结果揭示了这其中的核心挑战（见图7-30）。

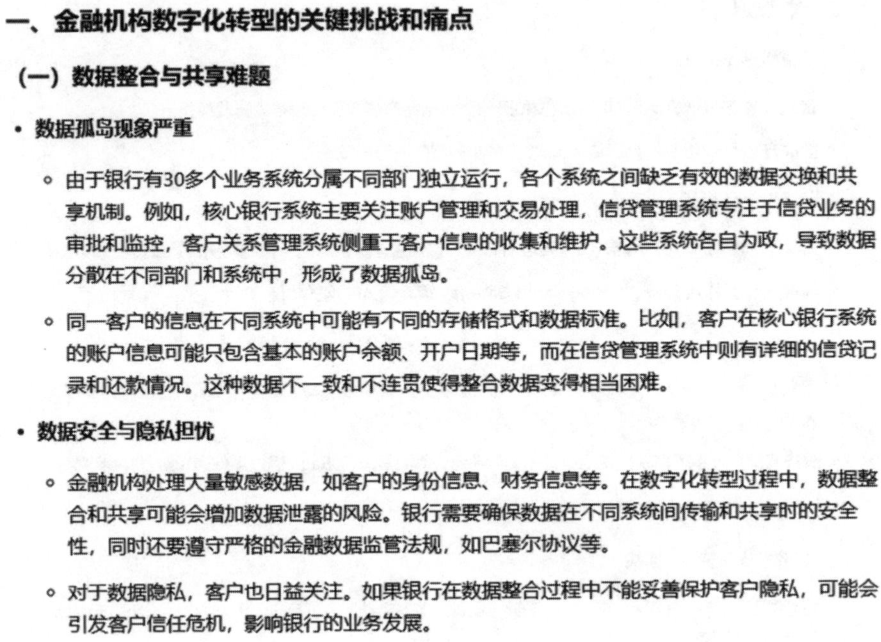

一、金融机构数字化转型的关键挑战和痛点

（一）数据整合与共享难题

- 数据孤岛现象严重
  - 由于银行有30多个业务系统分属不同部门独立运行，各个系统之间缺乏有效的数据交换和共享机制。例如，核心银行系统主要关注账户管理和交易处理，信贷管理系统专注于信贷业务的审批和监控，客户关系管理系统侧重于客户信息的收集和维护。这些系统各自为政，导致数据分散在不同部门和系统中，形成了数据孤岛。
  - 同一客户的信息在不同系统中可能有不同的存储格式和数据标准。比如，客户在核心银行系统的账户信息可能只包含基本的账户余额、开户日期等，而在信贷管理系统中则有详细的信贷记录和还款情况。这种数据不一致和不连贯使得整合数据变得相当困难。
- 数据安全与隐私担忧
  - 金融机构处理大量敏感数据，如客户的身份信息、财务信息等。在数字化转型过程中，数据整合和共享可能会增加数据泄露的风险。银行需要确保数据在不同系统间传输和共享时的安全性，同时还要遵守严格的金融数据监管法规，如巴塞尔协议等。
  - 对于数据隐私，客户也日益关注。如果银行在数据整合过程中不能妥善保护客户隐私，可能会引发客户信任危机，影响银行的业务发展。

图 7-30　背景分析与挑战识别

同时，Kimi指出运营一体化的主要价值包括打通客户全生命周期的服务体验、提高业务流程的自动化程度、提升数据驱动的决策能力、降低合规成本与风险。

步骤2：整体解决方案架构设计。

基于对银行现状与目标的理解，我们需要设计一个全面的解决方案架构。

接着，继续向Kimi询问：“基于金融机构数字化转型的需求，请帮我设计一个运营一体化平台的整体架构方案。需要考虑如何实现数据集成、业务流程协同、客户服务统一、风控合规赋能等核心能力。同时需要考虑如何与现有系统平稳过渡，以及如何保证安全性与合规性。”

Kimi提供的分层架构设计（见图7-31）。

一、整体架构设计

采用分层架构模式，从下至上分为基础设施层、数据层、业务层、应用层和安全与合规层，各层之间相互配合，实现平台的核心功能。

二、各层架构详细说明

（一）基础设施层

1. **云计算资源池**：利用私有云或混合云技术，整合银行现有的服务器、存储等硬件资源，构建一个弹性可扩展的云计算资源池。根据业务需求自动分配和调整计算、存储资源，提高资源利用率，降低硬件成本。
2. **网络基础设施**：构建高速、稳定、安全的内部网络，连接各个分支机构和业务系统。同时，建立与外部合作机构（如支付清算组织、征信机构等）的安全网络通道，保障数据传输的及时性和完整性。

（二）数据层

1. **数据集成平台**

图 7-31　架构设计

通过基础设施层、数据层、业务层、应用层和安全与合规层的设计，实施运营一体化平台架构方案，能够有效解决金融机构数据割裂、流程断层、客户体验不佳等问题，实现数据集成共享、业务流程协同、客户服务统一、风控合规赋能等核心能力，推动金融机构的数字化转型进程，提升银行的竞争力和市场影响力。在实施这一架构的过程中，需要充分考虑与现有系统的平稳过渡，确保系统的安全性与合规性，为银行的持续稳定发展提供有力保障。

步骤3：数据战略与主数据管理。

数据是金融运营一体化的基础，因此开发人员需要制订清晰的数据战略。

于是我们向Kimi提出：“对于我们的金融运营一体化方案，数据是核心资产。请帮我设计一个全面的数据战略，包括如何建立主数据管理体系、如何实现跨系统数据同步与共享、如何保障数据质量，以及如何平衡数据应用价值与合规要求。特别是在客户数据、交易数据和风控数据方面，有哪些最佳实践？”

Kimi提供了详细的数据战略设计（见图7-32）。

通过全面的数据战略设计，能够有效建立主数据管理体系，实现跨系统数据同步与共享，保障数据质量，并在挖掘数据应用价值的同时平衡合规要求，特别是在客户数据、交易数据和风控数据方面遵循最佳实践，为金融运营一体化方案的成功实施提供了坚实的数据支撑，助力银行数字化转型和业务发展。

一、建立主数据管理体系

1. **主数据范围界定**：明确将客户数据（包括个人客户和企业客户的姓名 / 名称、身份证号 / 统一社会信用代码、联系方式、地址等基本信息）、产品数据（如金融产品代码、名称、类型、风险等级等）、机构数据（分支机构代码、名称、地址等）作为主数据管理的重点范围。
2. **组织架构与职责分工**：设立专门的主数据管理团队，成员包括数据管理员、数据质量专员、数据安全员等。数据管理员负责主数据的创建、维护和更新流程的制定与执行；数据质量专员负责监测和保障主数据质量；数据安全员负责主数据的安全防护。同时，明确各部门在主数据管理中的职责，如业务部门负责提供准确的业务数据并参与主数据的审核，技术部门负责提供技术支持以确保主数据管理系统稳定运行。
3. **主数据管理流程制定**：

图 7-32　数据战略设计

步骤4：业务流程重塑与自动化。

数字化转型的核心是重新思考和设计业务流程，而不仅仅是将现有流程迁移到数字平台上。

于是向Kimi提出："在金融运营一体化过程中，我们需要对现有业务流程进行全面梳理和优化。请帮我设计一个重塑业务流程的方法论，包括如何识别痛点流程，如何进行流程再造，如何衡量流程优化效果。请特别关注信贷审批、客户开户、投诉处理这几个关键流程的优化方向与数字化实践。"

Kimi提供的重塑系统流程的方法（见图7-33）。

5. **痛点识别与排序**：根据调研结果，识别出关键流程中的痛点，如信贷审批流程中的资料收集困难、风险评估不够精准、审批环节繁琐导致放款周期长；客户开户流程中的身份验证复杂、信息录入重复、审核流程滞后；投诉处理流程中的投诉渠道分散、工单流转不畅、反馈不及时等问题。

三、流程再造设计

1. **设定流程目标**：结合银行战略和客户需求，为信贷审批、客户开户、投诉处理等关键流程设定明确的目标。
2. **引入数字化技术**：在流程再造过程中，充分运用大数据、人工智能、机器学习、流程自动化等数字化技术。

图 7-33　流程重塑

通过以上方法，可以实现信贷审批、客户开户、投诉处理等关键流程的有效重塑，提升银行的运营效率和客户服务质量，推动金融运营一体化的顺利实施。

步骤5：客户体验统一与全渠道管理。

金融机构的客户体验直接影响着客户满意度和忠诚度，是其数字化转型的重要目标。

接着，向Kimi提出："我们的金融运营一体化方案需要大幅提升客户体验。请帮我设计一个全渠道客户体验框架，实现线上线下渠道的无缝衔接、个性化服务与交互体验的提升。应该如何构建统一的客户视图，如何实现智能营销与服务，如何度量客户体验的改善？请提供具体的实施路径和关键技术选择。"

Kimi设计的全面的客户体验框架见图7-34。

一、构建统一客户视图

（一）数据整合

1. **整合多渠道客户数据**：将来自网点、手机银行、网上银行、客服热线、社交媒体等各个渠道的客户行为数据、交易记录、服务交互信息进行汇总。

2. **建立数据仓库与数据湖**：构建企业级数据仓库，对结构化数据如客户基本信息、账户信息、交易明细等进行规范化存储；同时建立数据湖，用于存储非结构化数据如客服通话记录、社交媒体评论、客户上传的图片视频等。

（二）客户画像构建

1. **基础特征分析**：基于客户的基本信息，如年龄、性别、职业、地域等，描绘客户的基本人口统计学特征。

2. **行为特征分析**：分析客户在各个渠道的行为轨迹，如登录频率、交易时间间隔、浏览的产品页面、购买行为等。

图 7-34　客户体验框架

通过以上全渠道客户体验框架的实施，能够有效实现线上线下渠道的无缝衔接、个性化服务与交互体验的提升，从而增强客户对银行的满意度和忠诚度，提升银行在金融市场的竞争力。

步骤6：智能风控与合规管理。

金融行业的风险控制与合规管理是运营的核心环节，数字化转型需要提高这些能力。

我们可以向Kimi提出咨询："金融机构的风险管理与合规要求是运营的核心约束。请帮我设计一个智能风控与合规管理框架，能够在提升客户体验的同时，强化风险管理能力。应该如何构建实时风控能力，如何利用大数据和AI提升风险识别的准确率，如何实现合规要求的自动化检查？请提供关键场景的实施方案，如反洗钱、反欺诈、信用风险管理等。”

Kimi设计的全面的智能风控框架如图7-35所示。

通过实施以上智能风控与合规管理框架，金融机构能够在提升客户体验的同时，有效强化自身风险管理能力，确保业务运营的合规性和稳健性。

智能风控与合规管理框架设计

一、构建实时风控能力

（一）数据实时采集与整合

1. **多源数据接入**：实时接入来自银行核心业务系统（如存贷款系统、支付结算系统等）、网络渠道（手机银行、网上银行）、第三方数据源（如征信机构、反欺诈数据供应商）的交易数据、客户行为数据、设备信息等。
2. **数据流处理架构**：采用流计算框架如 Apache Kafka、Apache Flink 等，构建高性能的数据流处理管道，对实时数据进行清洗、转换、标准化处理。

（二）实时风险监测与预警

1. **风险规则引擎**：基于业务需求和风险策略，构建实时风险规则引擎。例如，在反欺诈场景中，设定规则如“单笔交易金额超过客户日常交易金额 [X] 倍且交易时间在非常规时间段，触发欺诈风险预警”。
2. **机器学习模型集成**：将训练好的机器学习风险预测模型集成到实时风控系统中。例如，利用随机森林模型对客户的信用风险进行实时评估。

（三）实时决策与拦截

图 7-35　智能风控框架

步骤7：技术架构选型与实施路径。

选择适合的技术架构并规划清晰的实施路径是保证数字化转型成功的关键。

我们可以向Kimi提出：“请为我们的金融运营一体化方案设计一个技术架构蓝图和分阶段实施路径。考虑到我们是传统金融机构，有大量遗留系统，应该采用哪种架构模式，核心技术组件有哪些，如何处理新旧系统的集成问题？请提供一个分阶段、可落地的实施计划，包括每个阶段的目标、交付物和关键里程碑。”

随后Kimi即可提供详细的技术架构设计与实施路径（见图7-36）。

通过以上技术架构蓝图和分阶段实施路径，传统金融机构能够在不影响现有业务稳定运行的前提下，逐步实现金融运营一体化的转型目标。

技术架构蓝图与分阶段实施路径

一、总体架构设计

（一）架构模式选择

考虑到传统金融机构存在大量遗留系统，采用渐进式架构模式。

（二）技术架构蓝图

1. **应用层**：

- **渠道接入服务**：整合网上银行、手机银行、线下网点等多渠道接入，统一身份认证与鉴权。
- **业务中台**：打造客户管理中台、信贷管理中台、风险管理中台等。
- **数据中台**：构建数据仓库、数据湖，实现数据的存储、管理和分析。
- **AI 中台**：提供机器学习、深度学习、自然语言处理等 AI 能力。

2. **平台层**：

- **容器云平台**：基于 Docker、Kubernetes 等技术构建容器云平台，实现应用的容器化部署和管理。

图 7-36　技术架构设计与实施路径

步骤8：组织变革与人才战略。

数字化转型不仅是技术变革，更是组织和人才的转型。

关于这方面，我们可以向Kimi提出："金融运营一体化离不开组织结构和人才能力的转型。请帮我设计一个与数字化转型相匹配的组织变革与人才战略。比如，应该如何调整组织结构以支持数字化业务模式，需要哪些新型人才角色，如何培养和引进数字化人才，如何设计激励机制以推动转型文化？请提供具体的实施建议。"

Kimi设计的全面的组织与人才战略（见图7-37）。

（三）建立中台化组织模式

建立数据中台、业务中台和AI中台等中台部门，为前台业务团队提供共享的技术、数据和业务能力支持。

二、新型人才角色与能力要求

（一）数据科学家与分析师

1. **职责**：负责数据挖掘、数据分析、机器学习模型开发等。

2. **技能要求**：熟练掌握 Python、R 等数据分析工具，熟悉 Hadoop、Spark 等大数据平台。

（二）AI工程师与数据工程师

1. **职责**：开发和部署AI应用、构建数据管道和数据仓库。

2. **技能要求**：掌握TensorFlow、PyTorch等深度学习框架，具备数据建模和ETL流程设计能力。

图 7-37　组织与人才战略

通过以上组织变革与人才战略的实施，金融机构能够建立与数字化转型相匹配的组织架构和人才队伍，为金融运营一体化的成功实施提供坚实的组织和人才保障。这些措施将有助于激发员工的积极性和创造力，培育适应数字化时代的组织文化，推动金融机构在数字化浪潮中持续发展和创新。

步骤9：成效评估与持续优化。

数字化转型需要清晰的成效评估框架和持续优化机制，以确保转型目标的实现。

可以向Kimi这样提问："请帮我设计一个金融运营一体化方案的成效评估框架和持续优化机制。应该设立哪些关键绩效指标（KPI）来衡量转型成果，如何建立数据驱动的绩效监测系统，如何实施持续改进流程？请提供具体的评估维度、指标体系和实施建议。"

Kimi设计了全面的成效评估与优化框架（见图7-38）。

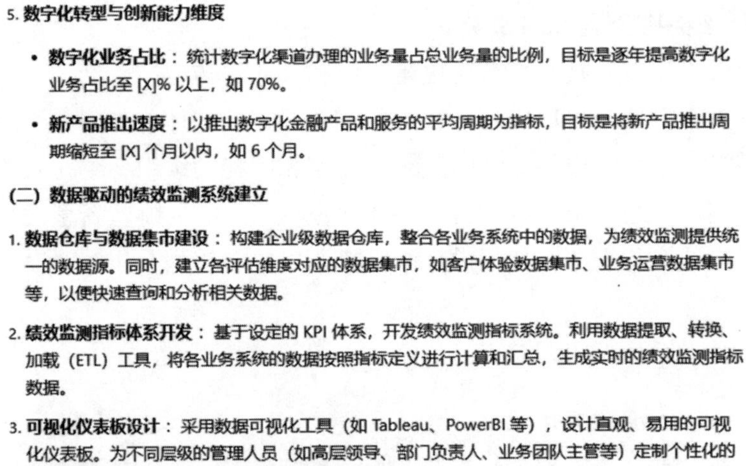

5. **数字化转型与创新能力维度**

- **数字化业务占比**：统计数字化渠道办理的业务量占总业务量的比例，目标是逐年提高数字化业务占比至 [X]% 以上，如 70%。
- **新产品推出速度**：以推出数字化金融产品和服务的平均周期为指标，目标是将新产品推出周期缩短至 [X] 个月以内，如 6 个月。

（二）数据驱动的绩效监测系统建立

1. **数据仓库与数据集市建设**：构建企业级数据仓库，整合各业务系统中的数据，为绩效监测提供统一的数据源。同时，建立各评估维度对应的数据集市，如客户体验数据集市、业务运营数据集市等，以便快速查询和分析相关数据。
2. **绩效监测指标体系开发**：基于设定的 KPI 体系，开发绩效监测指标系统。利用数据提取、转换、加载（ETL）工具，将各业务系统的数据按照指标定义进行计算和汇总，生成实时的绩效监测指标数据。
3. **可视化仪表板设计**：采用数据可视化工具（如 Tableau、PowerBI 等），设计直观、易用的可视化仪表板。为不同层级的管理人员（如高层领导、部门负责人、业务团队主管等）定制个性化的仪表板视图，展示与他们职责相关的绩效指标。

图 7-38 成效评估与优化框架

通过以上成效评估框架和持续优化机制的实施，金融机构能够全面、客观地衡量金融运营一体化方案的转型成果，及时发现问题并采取有效的改进措施，确保数字化转型的持续推进和成功落地。

金融运营一体化方案的成功实施不是一蹴而就的，而是需要战略引领、文化支撑、技术赋能和人才驱动四位一体的系统工程。通过本案例的9个步骤，我们可以看到如何借助Kimi构建全面而具体的数字化转型路径，帮助传统金融机构提升竞争力。

正如案例中多家成功的金融机构所展示的，数字化转型成功的关键因素包括：高层领导的坚定承诺、以客户为中心的转型思维、渐进式的实施策略、数据驱动的决策文化，以及持续的人才培养与组织变革。通过这种全面、系统的方法，金融机构能够在保持稳定性和合规性的同时，释放数字化带来的创新潜力，最终实现业务模式的根本性变革。